情感勒索

如何应对亲密关系中的情感绑架

以撒◎著

江苏人民出版社

图书在版编目（CIP）数据

情感勒索 / 以撒著. —南京 : 江苏人民出版社,
2018.12
ISBN 978-7-214-22609-9

Ⅰ. ①情… Ⅱ. ①以… Ⅲ. ①情感 – 通俗读物
Ⅳ. ①B842.6-49

中国版本图书馆CIP数据核字（2018）第220695号

书　　名	情感勒索
著　　者	以　撒
责任编辑	卞清波
封面设计	张合涛
出版发行	江苏人民出版社
出版社地址	南京市湖南路 1 号 A 楼，邮编：210009
出版社网址	http://www.jspph.com
印　　刷	天津旭丰源印刷有限公司
开　　本	710 mm × 1000 mm　1/16
印　　张	14
字　　数	201 千字
版　　次	2018 年 12 月第 1 版　2018 年 12 月第 1 次印刷
标准书号	ISBN 978-7-214-22609-9
定　　价	45.00 元

序 Preface

有一种勒索，要的不是钱，而是你的情感

这次，我要告诉大家一个坏消息：有个“精神病”住在你家里！他是我们最尊敬和最亲近的人，却总是有意或无意地伤害我们。他是我们心中信赖的“重要他人”，是我们希望的保护者和希望保护的人，但他们总是威胁我们内心的感受，让我们感到很不舒服。

我还要告诉大家一个好消息：我们双方都不知道这件事，知道了会更糟！意识到亲人在施害，真的让我们好为难。我们信赖他们，他们伤害我们，我们感到好痛。于是，我们吃了一片“止疼药”，麻痹一下自己的神经，告诉自己：“他们是对的，错在自己。”

他威胁我要去跳河……我吓坏了，不知道为什么平时那个温文尔雅的男人突然变成了一个恶魔……跟他在一起，真的好累。天天提心吊胆地过日子，怕一有风吹草动，他就发作。最近他丢了工作，情绪更不稳定了。

分手的事搅乱了他的整个计划。这是我一手造成的，我好自私。我不能没良心，我要等他，等他好些了再离开他。

——小莎

我嘶喊着：“妈我真的好爱你，妈我真的好爱你，以后我一定好好听话……”她像从前一样，什么都没听见，绷着脸……门关上了。

为什么我这么不值得人爱？也许我生下来就是脏的吧。我恨，我好恨我自己。

——小彤

我只是希望他（父亲）能关心我，可他一直到现在仍然疏远我，瞧不起我。我一辈子都在努力，要让他看得起我、关心我、喜欢我，但他就像一堵墙，把我囚禁在北冰洋的一块浮冰上……

他总是为了否定而否定我，为了贬低而贬低我，为了瞧不起我而扭曲事实、罗织罪名……

——诺斯

我恨我爸。

他有数学家的骄傲。他要我报考数学系。我喜欢舞蹈，报了艺校。他几乎气疯了：“你这么做对得起我吗？”他对我很好，那是他第一次向我发那么大火，差点儿犯了心脏病。我很害怕，特别内疚。

他直接去找班主任，给我改了专业。我想哭，又不敢。

我为什么就不能痛痛快快地满足爸爸的要求呢？我太不孝了。我没法克服这种感觉，我一直没有办法原谅我自己。

我太任性了。

——戴安娜

结婚以后，老公让我做全职太太。可我有自己的事业，他挣的钱其实还没有我多。可每次一提这个问题他就发火。我能理解他，所以就辞职在家，但实在无聊，都快憋出病来了，就背着他找了一份兼职。

他知道后脸色都变了：“反正你从来就不在乎这个家！”弄得我心里很乱，只能又辞职了。但我真的不适合做家庭主妇，我感觉这样下去自己会疯的。

我不知道是自己想错了，还是他的要求太过分了。

——艳红

我这辈子好像干点啥都干不成。

前两年，单位有个去外地挂职的机会，待两年，回来就能提干，结果媳妇儿特别不开心，说太远，自己怕一个人在家，结果没去成；去年有个调岗机会，给局长做秘书，结果媳妇儿又哭又闹说怕我学坏，我只好编了个理由力辞，还惹得领导说我不识抬举；今年有个去党校进修的事，又让她给搅黄了，说我要是去了就跟我离婚。没办法，只能又拒绝了大家都羡慕的好事。

都是特别好的机会，我恐怕永无出头之日了。一想到这个，我这气就不打一处来，我恨啊，我恨我自己。

——阿广

在上面的案例中，我们看到了刁钻的父母、疯狂的恋人，以及躁动的自我。他们认为自己的设想就是真理，为所欲为，无视我们的感受。他们尊重自己的感受到了自恋的程度——他们生病了，与我们建立并维持着畸形的关系。我们无计可施，同时，他们不知道这是在害我们。

在心理治疗师的世界里，怪事并不稀奇。我们信赖和需要的人在系统性地折磨着我们，无休无止地消耗着我们的情感。他们是无意识的，但压抑成了我们世界的一部分。当我们无法保护自己的人格，身体就会用自己的方式来提醒我们——焦虑、抑郁、强迫症、拖延症、失眠、健忘、消化不良、排泄不畅、梦多、肌肉僵直、偏头疼……生活中也会出现诸多症状：“干啥啥不顺”，“怕啥啥就来”，“无论如何都努力不起来”，“不喜欢孤独，又害怕两个人相处”……我们总是焦虑、略带抑郁，有自卑情绪，总想超越什么人或者曾经的自己，总怕不顺利却总遭遇障碍或者瓶颈，莫名其妙。他们想为身心找个可以安歇的港湾，但建立不了亲密关系，结了婚也感觉空虚。

我们的身体是很诚实的，从来不会对我们进行任何隐瞒。我们的生活从不撒谎。

简单说来，情感勒索就是以爱的名义要挟对方按照自己的想法做事，改变对方的行为与意志，强迫对方作出牺牲；被情感勒索的结果就是我们明明不愿意却被迫做了某件事、成为某个人、相信某件事。

接触的每个案例都疼得让我揪心，因为最可怕的是，最后我们不仅改变了行为，还改变了想法——认为自己想反抗本身就是错的、脏的、可怕的、不应该的、让人失望的……

我们为何责怪受害者，而不是坏人？

情感勒索是一个人能够想象到的最大的灾难之一。成为一个被勒索者，是这个世界上最难以承受的痛苦之一。受害者都在怀疑需要改变的是自己。

小莎要承担男朋友丢工作的责任；母亲不接受小彤，小彤觉得自己是脏的；父亲不懂得爱，诺斯觉得自己只配流离失所；戴安娜的爸爸有数学家的骄傲，所以她得喜欢数学；艳红的老公要她做全职太太，所以她不能工作；阿广被爱困住，所以恨自己……

如果伤害以伤害本来的面目出现，问题反而简单了，但亲人之间的攻击和控制是最难觉察的，且常被双方误当做了爱。施害者不允许自己相信自己在施害，他们有高尚的理由。受害者常被洗脑，原谅施害者，憎恨自己，充满负罪感、内疚感、恐惧，以及对自我价值的怀疑。受害者常会怀疑自己真实的感受，甚至认为自己的痛苦都是假的。在损害自己灵魂的道路上，我们都在百分之百地努力。受害者愿意把所有的责任、恐惧、罪恶感全都放在自己一个人身上担着，施害者也是这样打算的。

受害者甚至要把“不痛苦”的感觉，在其他亲人身上进行求证，从而成为下一个施害者，一切都在不知不觉中完成。

我：你为什么要当众羞辱你女儿（在幼儿园里）？

拉布：她惹老师生气。

我：她不是已经认错了吗？

拉布：你不了解我女儿，你不狠狠地羞辱她，她不会改的。

我：你母亲这样羞辱过你吗？

拉布：有时候是有一点点了……但那都是次要的……管孩子就应该这么管啊！

最后所有人都坚信：折磨就是爱，一切都是为了解决问题或者维系关系。双方都接受了谎言，我们习以为常，所以不以为意。于是，畸形的关系成了阳光永远都照不进去的缝隙。

有没有谁，需要被改造一下才好？

把人逼疯是“精神病”的特异功能。我们和某个家人的关系不正常，活得不痛快。明明问题出在他们身上，但我们觉得自己有问题。

勒索者不是一个抽象的名词，他们就住在你家里，那个“精神病”需要被改造，不管你知道不知道。

我：世界上的人分两种，一种人和他待在一起觉得舒服没压力，能滋养人。另一种人总让你不舒服，让你烦躁，慢慢就被他弄疯了。

戴安娜：我妈就属于第二种。她只在乎自己舒服，除了当女王，别的啥都不会……

有些标志可以表明一个人周围有个“精神病”。第一个标志就是，他们觉得自己“就像个孩子”，“就像一个大男孩”，“就像一个没有长大的孩子”。在心理治疗师面前，这可不是用来夸人的好话，这说明灵魂的成长没有跟上身体的步伐。孩子嘛，就像琥珀里的蜘蛛一样，固着在了某个年龄，就像成年人的身体装着幼小的灵魂走在世界上。

第二个标志就是，对心理学感兴趣，说明有人长期“勒索”你。很多人都觉得自己有问题但不确定，所以对心理学书籍很感兴趣，有共鸣，看了觉得爽。爽，往往是因为痒，痒是因为有伤。精神上的伤几乎都是情感勒索造成的，这也是多数心理问题的主要原因。没有人能伤害我们的精神，除非我们爱着或爱过他们。

有宗教好奇是第三个标志。我们没感觉生活有问题，或不能承认它有问题，但老感觉哪儿不对劲。心里空，才想通过什么东西来填充。空是因为有隐痛需要化解，但我们有个悖论解决不了：受过伤害又无可奈何，就会希望认同因果；但如果我们真的认同了因果，就会允许自己受到伤害吗？

疼痛感：我们为什么不喜欢读这本书？

这本书记录了我和很多局中人的讨论。讨论就像一个容器，两个人或一堆人聚在一起，袒露自己心灵最深处甚至自己都已经忘记了的秘密，这些秘密只有在心理治疗师或催眠师面前才会浮现出来。我发现人们在最真实的时候，人人都是文学大师，比我的文笔动人得多，所以我把他们的原话记录了下来。

本书就像一个透镜，人们在袒露自己的秘密。别人的秘密能让你照见自己，让你看到自己的后脑勺，或者五脏六腑的脉络，甚至像全息影像一样清晰。不过我们不愿意去看。我们的灵魂上有伤，但我们不敢也不愿去正视这件事情。

没有人能伤害我们的灵魂，除非我们在乎他们，这种伤要藏起来。

所谓“梁子”这种东西，只有跟家人（包括走心的恋人）结下的，才是真梁子，因为它让我们假装忘记，所以绝不放过自己。有些伤痕是我们不愿去正视的，那是我们连自己都不愿去触摸的秘密，那些伤口并没有弥合。既然无法正视，就只能压抑下去，假装它不存在。

致命的都是内伤，我们甚至可以说，除了内伤没有伤。

谁愿意相信：我们被自己信赖的人伤害过，而且不可能赢回来？这才是真正的内伤。我们宁肯私下让人扇大嘴巴子，也不肯承认或让别人知道自己被最信任的人压制过、控制过、疏远过、陷害过、吓怕过、羞辱过、欺骗过、背叛过、伤害过……这是无法原谅的，但事情都过去那么多年了，自己是大人了，还去翻旧账似乎不是个成年人，不厚道也不应该，我们更不肯承认自己曾经弱小过。

这种梁子，要么不存在，要么无法改变，没有其他状态。我们选择认定那些不愉快的事情都过去了，不去正视灵魂上的瘀青，且把它虚构成一种美好的东西，把“懦弱”视作“温柔”（小彤），把“没有自我”视作“善良”（拉布），把“执念”视作“坚持”（诺斯），把“躁动”视作“热爱自由”（诺斯），把“被控制”视作“孝顺”（戴安娜）……忍受身体或精神上的症状，比如抑郁（小彤）、焦虑（拉布）、强迫（戴安娜）……所以，我们不喜欢读这本书，因为它真的能照见那份伤痛，撕掉我们给自己描的眉，画的眼。

内伤压在最深的心底，都化了脓。鼓囊囊的一大坨，我们还以为那就是“我”。实际上那里面全是脓，放出来，就好了，就能成长了，各种身心问题就都消失了。但剜开心脏放出里面的脓，控制不好就会发生灾难。你想象一下，内心的脓奔涌而出是个什么感觉？可不只是酸爽那么简单。忍住的痛从不流淌，只会喷涌，我们怕自己受不了。

我们知道哪些地方脓水聚集，不能碰。我们只会去挠伤口附近，因为那里痒，挠会很爽。这能解释为什么那么多人喜欢读心理学书籍，同时拒绝接受治疗，免费的也不肯。再多的爱心，也唤不醒一个装睡的人，何况大多数人都不知道自己在装睡。

每个人都有自己无法启齿的东西，这些无法启齿的内伤藏在心中最隐蔽的角落里，瞒过了我们自己。把这些东西暴露在光天化日之下，就像用一根针刺破了脓包，让人从梦中惊醒。

正经作家，个人的东西会弱化，下笔写私事似乎并不合适。但我觉得没必要老去说别人那几本“成功学”，我自己就是情感勒索的活历史。作为一个全方位的受害者（偶尔也会变成施害者），我可能比较有发言权。暴露自己最脆弱和黑暗的部分，是不是会让读者不喜欢？我不管，我并不擅长讨好读者，我不是什么正经作家。

我知道什么是被攻击时的痛和把别人当作药时的爽。我爬上来了，想做个表率。正因为自己的痛——受到的伤害和对别人造成的伤害，面对咨客，甚至生活中的人，都让我忍不住揪心地疼。

我希望你能同情这里的每一个主人公，并最终能以悲天悯人的情怀来看待自己和勒索者，学会施爱和被爱，而不是施害和被害。我还希望你能从另外一个角度来理解和化解自己遇到的任何问题，不管是赚不到钱，找不到对象，还是抑郁、焦虑、偏头疼等。

那么你会从这本书里学会什么呢？什么都学不会。你和我是在进行一场平等的对话，我并没有教给你什么，只是我在说，你在听罢了。好为人师那种事儿，不是我做的，无师自通也不是什么新鲜事儿，这本书只会让你在治愈的道路上少走些弯路，节省点儿时间。

目录

Contents

附：一个小测试

Chapter 1
情感勒索：我们这个时代的精神残疾

我们都是情感勒索的受害者，无论你扮演的是勒索者还是被勒索者，都是曾经的被勒索者。他们有很多共同的特点，简而言之就是精神残疾。精神上的残疾和伤筋动骨、断手断脚是一样的。我们知道，生理残疾的人不能做出某些动作，或者感受不到某些感受。精神残疾与此类似，有些感觉感受不到，有些动作完成不了。即使勉强完成了，也会一直处于隐痛之中。

自卑与自负并存

从某种程度上来讲，我们都急功近利，但我们不想要平庸的成功，瞧不起一般的成功。我们只给自己两个选择：要么牛，要么傻，或者时而牛，时而傻。

我们对一步步的小成功不屑一顾，真正需要的是惊天动地的大成功，否则就是垃圾。为什么？一般的成功不能扭转我们的人际关系，不能把亲朋好友还给我们。

我们都想变成孙悟空，做上天入地无所不能的成功者。虽然这个比喻有点儿俗套了，但我们谁没渴望过成为这样一个伟大的英雄？

我老孙实是不怕：玉帝认得我，天王随得我；二十八宿惧我，九曜星官怕我；府县城隍跪我，东岳天齐怖我；十代阎君曾与我为仆从，五路猖神曾与我当后生；不论三界五司，十方诸宰，都与我情深面熟，随你那里去告！

——《西游记》第五十六回：神狂诛草寇，道昧放心猿

宛若：你怎么知道我喜欢猪八戒？

我：我不知道。你喜欢孙悟空？

宛若：我懒，努力不起来。

我：但你有渴望。

宛若：也许不是渴望，是躁动。渴望会让人变强，但躁动让人努力不起来。

我们都有权利一步步迈向更加美好的生活，但宛若不需要那种成功。

她想要一夜暴富的那种，然而那种成功只存在于幻想中，所以宛若说自己喜欢猪八戒。

宛若仿佛只给了自己两个选择：成为孙悟空，或者一头猪。寻常成功对她来说是错误的。她只需要坐着火箭成长，但知道那是遥不可及的，所以改变了意识输出，声称那不是自己的渴望。

“无法实现”正是她需要的另一个侧面。孙悟空和猪八戒其实是同一个需要：实现了，说明自己真厉害，“我是个英雄”；实现不了说明“我只是懒”，“我是一个失败的英雄”。两个结局都很好，都是英雄。

腾云：工作中，难免有不同的看法和失误。如果心态摆正、虚心学习，就能正视自己的错误，该改的改，也能包容别人一时的误判，不该改的可以沟通。但我总是在两者之间摇摆，一会儿老子天下第一，谁的话都不能听，一会儿我就是条蛆，垃圾得自己都瞧不起自己。

我：你的自卑和自负是一个铜板的正面和反面，你时而不切实际地牛，时而不切实际地以为自己傻。

腾云：是这样的。

我：其实你不牛，也不傻，只是你无法正确看待自己。

腾云：我知道，但我就是改不了。

我：这是这个时代的流行病，平和的心态不是想有就能有的。

怕动心：“心动的下一步，往往是心痛。”

上三年级的时候，老师布置了作业：回家向父母说出自己的爱。我酝酿好了情绪，鼓起了勇气，深情款款地说：“我好爱你啊，爸爸！”一句“你有病啊”顶了回来，我的笑容瞬间冻成了冰。

——萨摩

被其他人欺负，只会觉得委屈；被自己心里的人拒绝和攻击，才会真的心痛。萨摩必须学会不去爱，才能保证她的心不疼。她学会了割掉一些需要，同时放弃了某些能力。她必须切掉这部分“心脏”，因为里面有个洞。

小智认识萨摩那年，她34岁，很漂亮，但忍不住滥交。小智对她很好。萨摩可以和很多人同房，只是不允许小智乱来。

萨摩：只要你不碰我，我就能跟你好好过。

小智：可你总跟别人瞎搞。

萨摩：你也可以去搞啊，我不介意的。

萨摩这样解释，她自己就很舒服吗？不，她不开心，她知道自己这样做不对。她很苦，但只能选择苦下去，因为她不由自主。

萨摩需要小智放弃“性”才能证明他爱的纯真。她怕，怕真正的情感——爱情是情感的一种。萨摩管不住自己，她怕感动，她本能地抗拒，每当出现一个可能打动她的人，她就会害怕。她觉得有一颗心贴近自己的时候，自己就会变得“好弱小，好无助，好无力，好无能啊”！小智是唯一有可能让她心动的人，所以她怕他。

萨摩是瑜伽教练，身体柔软得不得了，但对她来说，精神上的“爱”

这个动作太疼。当我们觉得那会特别疼，疼得受不了，就会杜绝任何心痛的可能，我们就拒绝爱上别人。

没有人能伤害我们，除非我们爱他们。只要不在乎任何人，就能保证自己不受到伤害。动情，就把伤害自己的能力送给了另外一个人，谁知道这次感动到底是不是被骗了，毕竟自己最应该相信的爸爸已经骗过自己一次了。

为了排除任何把自己暴露在危险之中的可能，萨摩学会了一项技能：无情是最坚硬的铠甲，她臆想爱上对方或这个世界就会受到伤害，所以不如先进行情感止损。潜台词是：“没有人能抛弃我，因为我不会爱上任何人。”

萨摩：我为什么没有爱上你这样的好人呢？

小智：永远都不晚，只要你愿意，我……

萨摩：说这一切都没有意义了。

小智：我可以放弃一切。

萨摩：你愿意等我吗？我知道是我自己不好。

小智：为什么不能是现在。

萨摩：我做不到。

既无软肋，何需铠甲？

萨摩：我想爱，但我爱不起来。

我：你感受到了温暖？

萨摩：没有。

我：你拒绝让自己感动。

萨摩：我觉得不愿意想象，也不愿意接近他。

我：你不愿意接近任何人，不仅是他。

萨摩：嗯，的确，我不愿意接近任何人，所以我宁愿选择一个人孤独。

我：爱上别人，是危险的。

萨摩：所以我喜欢上了他，我在用各种办法断掉这层关系。

我：怕动心，怕失去时那种撕心裂肺的痛。与其有心痛的危险，不如选择不需要。

萨摩：无情的人最容易心动，心动的感觉就是痛。动心，就会流血，太疼，不如不动心。

我：只要不走心，就不会有任何人伤害你。

萨摩：心动的下一步，往往是心痛。

为了不感到心痛，萨摩主动割掉了对情感的需要和感动的能力。缺爱的人才会对爱望而生畏，惧怕失去爱所以不敢爱，没有爱上别人就不会失去别人了。

萨摩也有自己的一套逻辑：一切都会失去，为了不失去，她学会了主动进行情感隔离。

巴塔塔：我们都是以失去为目的地接近。

我（开玩笑地）：那是你接近我的目的？为什么这么对我？

巴塔塔：不是。但是，好像失去是注定的。我们离开父母、家庭，以后有了孩子，孩子也会离开我们。一切都是失去。

我：如梦如幻，如露如电。

巴塔塔：过客。好像都不属于我们。

萨摩在本能地保持和所有人的距离，她害怕贴心，她对走心充满了恐惧。她感觉自己在那种关系中是渺小、无力、失控和害怕的。再近了，她就疼了。关系远一点，才有胆量接近。割掉了一部分“心脏”，这个世界就是寂寞的、空荡荡的，甚至是恐怖的。

月华：我爸常年在外地。

我：不心痛吗？

月华：一开始是有的，但后来慢慢就好多了。

我：怎么好多了的？

月华：习惯了。

我：习惯了什么？

……

小月华慢慢习惯了心痛，大月华学会了压抑心痛的能力，让自己感觉不疼：第一次去上学，和母亲在学校门口分手，她毅然决然；第一次出远门，她没有想家的心痛……她把自己打扮成了“月坚强”。她得不到父亲，所以只能这么做。她只能感受到父亲的背影，必须学会否认自己的感受，来保护自己的安全：“我没有需要，所以我完整。看！我能够抗拒全世界的爱，所以我有力量！我不会被温柔软化，所以我强大！”

为了赶走得不到美好事物（爸爸或其他可爱的人）的痛苦，强大被一遍遍确认：“我不会被诱惑到！”无法爱上别人，就丧失了一部分精神功能。情感无能内化成了她人格的一部分。月华不关心他人的感受（“有谁体谅过我的感受吗”），她自私（“人人都自私”），她固执（“谁不需要一点儿个性”），她小心眼（“我是个敢爱敢恨的人”），还胡搅蛮缠（“用口才维护自己的利益有什么不对”），但她认为，“我太委屈了”，“人家内心其实是个宝宝”，但后面两句，她甚至不敢对自己说。

父亲的离开，让小月华求爱而不得，只能对自己说“我不需要”，所以大月华变成了一个对自己不真实的人。但小月华在一直盼望着爸爸回来，思念令人憔悴，心底的思念从未断绝，所以她重度焦虑。对情感求而不得，扭曲了她的灵魂，让它变得很怪。

我们贬低什么，就是在意什么；我们压抑什么，就是缺乏什么。哪里需要镇痛，说明那里真的有伤。这也许才是月华的心声：“我爱上的人一定会离开我，就像爸爸一样，所以我拒绝爱上任何人。”

怕被爱：“对我好的，我害怕。”

拉布：有一个保定的小男孩，我很喜欢……但让人追，觉得好尴尬。被人追出了流言飞语，觉得好尴尬。

我：为什么是尴尬，而不是“我魅力好大”？

拉布：我也不知道。

我：被爱为什么让你觉得害怕？

单恋模式（lithromantic）看起来很矫情：本来很有好感，一被表白或被爱，立刻不再喜欢，变成尴尬、害怕，甚至讨厌。他们不希望获得情感回应，只能单相思，跟自己谈恋爱，沉浸在幻想中感受自己的存在。

爱别人、被人爱、被自己爱的人爱，是三种完全不同质的东西。单恋和互恋不在一个层面，幻想会增添爱情的魔力和惊心动魄感，因为他们可以肆意想象，并沉浸其中，不受现实的束缚。单相思的忧伤会增加爱情的美妙。

宛若：我讨厌别人对我好。

我：我也是。

宛若：我讨厌别人假装对我好，但真对我好的，我又害怕。

我：我也是。

宛若：我觉得对我好就是对我进行束缚。

我：完全正确。

宛若：什么是爱啊？

我：那个人在哪里？如果存在这样一个人，你爱他，他也像你爱他一样爱你。你感到恐惧吗？

宛若：……

我：你有这种能力吗？

宛若：我会施爱，但我不愿被爱。

我：被爱是尴尬、害怕、压迫和束缚。

宛若：嗯。

我：被爱是其中更重要的一环。

宛若只能享受单恋，不需要对方作出回应。关系一近了，关系就紧张，越近越紧张。她无法进行情感上的互动，她需要但不懂如何经营亲密关系。

我：所谓情伤，有时候是情感回馈能力的缺失。

南风：你说得太对了，回馈能力差。有个非常不错的妹子看上我，但我给不了她什么温暖。

我：高冷是一种病。

南风：别人说我冷傲，实际上是害羞。

我：害羞也是病。感受不到爱，所以无法给现实中的人给予回馈。

我：你妈对你怎样？

南风：我妈对我挺好的……她有抑郁症，长期住院。

南风总是盼望母亲回家，等待的幸福感总被回到家的母亲挫败，所以他只能在盼望中存在。盼望是可爱的，但止于盼望就好了，不要有结果。南风的情感模式，与他的母子关系重合。

妈妈离开了，他尝够了思念的苦和甜；当她回来，却让他感到冷漠和恐怖。所以，既然结果都是错误的、危险的，所以单恋就好了。

面对被爱，我们迅速弹开了。忘记了的记忆，都变成了性格上的烙印。小风一吹，我们就又回到了创伤的瞬间，或者无数创伤叠加的年龄。我们用不能触摸的记忆见证着自己的地狱，证明被爱和这个世界很违和。

一个功能良好的心理结构，是在良好的回应模式上建立起来的。单恋背后，一般都站着一个冷面孔的异性父母。怕看到真实的自己爱与被爱，是对异性父母与自己的情感割裂的拟态。他们学会了忍受异性父母的冷漠，所以在另一种关系中，感觉被爱是不正常的。

情感无能：情冷、情重，同一种病

南风：我有伤，我这辈子只喜欢她一个人……

我：你感受不到现实中的关怀和情谊，所以，只能美化过去。如果让你去娶你思念的那个人，其实你也做不到。

南风：好像是这样的。

最缺温暖的，往往是对抗亲情的先锋，更不喜欢与爱情狭路相逢。我们通过痴情来掩盖和证明，自己不是情感无能。“我爱的人不爱我”，借口总显得那么不证自明，痴情是一种残疾。

多情则可以从反面证明，自己不缺感情，且能获得。多情的人就像情感上的杂技师，左右逢源，乐在其中。多配偶不仅仅是他们夸张和炫耀的资本，还是掩盖情感无能的遮羞布。

惜弱：我有个同学，她寝室给她的男朋友起名，大姐夫，二姐夫，三姐夫，她每天都忙着约会。

痴情和多情，情冷和情重，都是情感无能。在他们眼里，对一个人动情是危险的，会有丧失的危险，或者被利用和操纵。无情才能捍卫自己的稳定和坚不可摧。没有产生和享受感情的能力，简称情感无能，相当于“精神残疾”。

萨摩是另一个明证，她一方面痴情——她有一个铁环，随身带在身边，纪念那个求而不得的男人；一方面多情——滥交得厉害；一方面无情，她拒绝真正喜欢她的小智。

萨摩：我觉得自己是最无辜的。

我：……

萨摩：我常耍人玩儿，但只有对我真心的，我才能耍得到。后来发现，所有对我不真心的，我一个都没耍到，我耍到的，都是真心爱上我的。

我：没有人能伤害一个不爱自己的人。

萨摩：我伤害过爱我的人，我也被我爱的人伤害。扯平了。

保持情感距离，维持情感饥饿

周星驰的经典电影，一般都是悲剧，如《大话西游》《西游降魔》《西游伏妖》。一方常对另一方进行疏远，越爱自己越要疏远，相爱的人之间保持着几乎难以逾越的距离，只有死亡才能让冷漠的一方发现自己的情感需要。冷漠的一方似乎在无意识地使用熬鹰的策略，把对方保持在情感饥饿的状态，绝不满足对方和自己的情感需要，使对方和自己保持在崩溃的边缘，只有死亡才能让男主知道自己的情感需要。

情感是我们的精神食粮，我们是彼此的食粮。当一方情感能力上存在残疾，就会保持双方的情感距离，维持两者的情感饥饿。周星驰是票房的保证，观众的内心会产生共鸣。很多人有共鸣就说明，这些人都多多少少在这种模式中受到过伤害。

《西游伏妖》里的九头金雕对如来说什么？“我要你爱我！”（“我

跟了你那么多年你都不看我一眼！”）如来成功了，因为金雕只需要如来的眼神，这说明金雕需要如来，多于如来需要金雕。如来垄断了对方珍惜的一种资源——他自己。如来像对待想得到糖作为奖励的小孩子一样对待金雕，给个眼神都要她感激得就像中了大奖一样。《西游降魔》《大话西游》里同样如此。

垄断者需要被感动，才能降低垄断资源的价格。但他们需要的那种感动，并不是爱就可以了。所以，段小姐、紫霞只有一个出路：死，或完全放弃自我，比如被打回原形的金雕。

我：你冷漠，把冷漠当成武器。

巴塔塔：是冷漠吗？但是我内心也希望得到温暖和感动。

我：你希望别人感动你，温暖你，而你不必轻易感受到温暖。这样你就会很安全，且有掌控感。

巴塔塔：……

我：你拒绝被一般的温暖感动到，你需要惊天动地、百年难遇的行为才能被温暖。那种爱并不存在于这个世界上。

巴塔塔：……（讲了一个理想中的爱情故事）

我：你想要的那种可以打开心扉的感动，来自三千年前的某次邂逅，三千年都不出现的事情，你期待发生在你的身上，好温暖你的心房。你只需要那种温暖，可感动三千年的那种温暖，至于可以温暖几十年的，你似乎看不上。

巴塔塔的病症并没有消失，她依然生活在自己的世界里，期待着千年的风霜。她并不活在这个世界上。她在期待或勒索一份感情，可以超越时空，跨越远古。她需要对方付出超越时空、跨越远古的情感。

恋人之间的斗争，就像一个永恒的谜团。我们是彼此的食粮，我们都饥饿，更需要对方在斗争中失败，所以我们不想更需要对方。当一方发现降低自己对对方的情感需要，制造情感饥渴，就能证明自己对对方来说更加重要，我们就会不自觉地疏远，保持双方的情感距离，直到发生无法挽回的悲剧。

巴塔塔：我只是害怕接近。

我：你的无辜里，充满了掌控欲。

巴塔塔：我也不知道这是怎么了。

我：取暖是两个人的事，一个人无法单独完成。他爱一尺，你就缩一丈。你觉得是他牺牲得不够多，还是你退缩的速度更快？

遏制自己的情感需要，还有一个大招——贬低爱情的价值，比如通过给爱情定价来作践它，“我非千万富翁不嫁”。爱情是情感的一种，贬低爱情可以贬低情感，爱情成了情感的替罪羊。情感是无价的，给它定价就可以作践它，正如娼妓情结对性的贬低——有价格，所以贱。这样一来，自己无法享受的东西其实是世界的 bug，所以自己并没有失去太多，没有受到太大伤害。

总结情感残疾者的内心独白，大概是下面这个样子的：

我要抗拒别人对我的好，我不相信自己能跟别人好。我冷漠，我要让爱情保持在没有卷入性的距离，停止在遥不可及的地方。我要放下过去的爱情，不停地和新人恋爱和失恋，大手大脚地消耗、利用和玩弄情感，唯独没有倾诉和安抚。我要花费大量的精力去应付渺茫的关系，我要玩到凌晨以后，在微醺中发生浪漫，这样我就读不懂午夜梦境的信息：我害怕爱和被爱。

爱 = 虐：没有忍住的痛苦就不是真爱

天阳：那可是我妈啊，她怎么可能对我不好？但她对你好，不能直接对你好；对你好，就得横一点，不然她都不知道该怎么过。

腾云：折磨是我们赋予家人的特权。

我：哦？很有意思。为什么？

腾云：真情需要淬炼。

我：那岂不是所有爱你和你爱的人，都得长期处于激动状态？

周星驰的电影中多有这种模式：不死不足以证明真爱。所以真爱的存在，只能以一方的死亡为前提。只有紫霞的死，才能让至尊宝确认她值得爱，自己爱她；如果段小姐不死，玄奘就不会被感动，仿佛只要没有忍住的痛苦，真爱就不存在，爱必须以虐的存在为前提。

施害者甚至在用亲人能承受自己多大的任性伤害来衡量自己的价值。我想到一个电影中的一幕，女朋友的要求是“只要他把手里的一皮包黄金扔进水里，就说明他爱她”。她用能给他带来多大的伤害来衡量他的价值，用他能承受自己多少无理的伤害来衡量自己的价值。

勒索者确信，别人对自己的服从、关注和情感都是有条件的，不是绝对的，所以试探会一轮轮地升级，逼迫对方退到一种畸形的不可能的地步，以确认这种服从、关注和情感的真实性。

现在，小莎的老公从一个温文尔雅的男人变成了一个勒索的恶魔。他以死要挟，步步紧逼，认为小莎需要得到更多的惩罚，鼓励并帮助小莎一步步降低尊严。之所以这样，是因为小莎曾经也是一个勒索者。她曾经一轮轮地试探老公的底线，一边内疚、自责，一边加重试探。她好像在以老公能承受自己多大的伤害来衡量他到底有多爱她。最后，她终于确定了一个事实：既然老公允许自己和别人乱搞，他能忍受得住，那自然说明老公对自己的爱是绝对的。

现在，她认错了，于是灾难出现了。老公隐忍的痛苦如山洪暴发，他开始需要虐待小莎来证明小莎对自己的感情是真实的了。丈夫似乎并不想让她轻易地原谅自己，他希望她把自己看作一个荡妇，在她羞愧而死之前绝不放过她。小莎觉得自己错了，所以一步步退让。小莎的退让，似乎让丈夫有了充分的理由印证自己的愤怒和仇恨。

懦弱：放弃尊严的生活

只要你觉得烦、不舒服、抗拒、委屈、别扭、紧张、纠结，还在做自己不愿意做的事，那你就正在被勒索。我们情绪总是很强烈，内心戏特别多，但外表常能忍住。我们心里不愿意还得继续，心里憋屈还得假装正常。

情感勒索不会伤及性命，但积攒的能量会发生质变，就像石墨在一定条件下会变成金刚石。勒索关系还像瓶中未开盖的可乐，一直在震荡，虽然没有改变的迹象，但能量一直在积累，永远不会轻易消失，直到有一天……

但发生那个灾难之前，被勒索者一直相信，自己所做的一切都出于某种美德、义务等。

小彤的终极灾难，是未婚夫叫她陪自己的朋友睡，她终于崩溃了。震荡的可乐被打开了。她的解释“温柔”“顺服”仿佛不再起作用了。

小彤的A面：我知道自己需要你，但我绝对不是一个任人摆布的烂货。

这跟一个妓女有什么两样，还是一个最不要脸的妓女！这么低三下四的，我不会！我有自己的尊严，我有自己的底线，凭什么让我去这么做？

小彤的B面：我离不开你，我没有你不行。为了你，我会放弃自己的尊严和身体，我会修改所有的底线。我什么都不要了，我只要你别把我赶走，让我留在你身边。我把能够承受虐待叫作“顺服”“温柔”。

能让你放弃尊严的，一定是你最爱的人；能让你放弃尊严的，一定不值得爱；但被迫放弃尊严之后，我们会捏造一个事实，认为那其实是某种美好的品质。我们怕知道自己被虐待的真相，所以我们宁肯相信放弃尊严是一种美德，比如“爱”“奉献”“孝顺”等，而不是我们不得不忍受情感虐待。

小彤一直很听话，她觉得放弃自己的尊严，是一种奉献精神。她身心俱疲、伤痕累累。她很难接受自己其实很“贱”，自己最依赖的人在虐待自己，所以她觉得还是“顺服”“温柔”好。每一份情感虐待表面，都罩着一个美德的遮羞布。

在任何懦弱者的心里，都幻想着自己的美德。小彤学会了强迫自己施与。付出是令人快乐的，但真相是，“被强迫服从”并不是她解释给自己听的“奉献”“温柔”“疼人”等。她只是不愿意承认真相。

当你感觉必须支取多于自己承受范围的东西去满足他人时，不得不损害自己，却觉得那是一种美好的品质，那就要考虑是不是在给懦弱镀金了。没学会对过分的要求说不，就只能对自己的真实感受和真正需要说不了，所以我们是“会疼人的”“顾家的”“照顾别人感受的”“孝顺的”……而不是“被伤害但不敢反抗的”。

勒索者天生都是暴君，会糟蹋已经获得的任何东西。关系的失衡不会停留在最初，而是慢慢滑入深渊。失衡是一个过程，只要没有阻力，两者的地位永远都在不断地拉开，地位越来越不平等：从被追被哄的女朋友变成家里的二等公民，从不平等的公民变成君臣，从君臣变成奴隶主和奴隶，从奴隶变成宠物，从宠物变成可以踢来踢去的累赘，从累赘变成泄欲的工具，直到“扔到街上去看你表现了”……最后，小彤沦落到“人尽可夫”的地步，才意识到自己被勒索者的地位。

允许自己伤害自己的自尊，允许自己越过底线去取悦别人，这种事情带来的后果太可怕了。有一些好是要留给自己的。

小彤：我总感觉自己很脏，好像被什么东西污染了一样，无形的东西。

残酷的真相让小彤觉得自己好贱，好不堪。她失去了尊重自己的理由，她对自己好失望。让她觉得自己可怕的，是她对待自己的方式——她竟然允许未婚夫这样对待自己。

崩溃是好事儿，崩溃是疗愈的开端。洗刷伤口、重拾自尊的过程充满了坎坷，但小彤不再需要继续扮演取悦者的角色了。她曾经把软弱解释为温柔，现在她解放了，她知道自己受伤了，她可以疗伤并变得坚强了。

妈妈真的很生气，我整个人一下缩了半寸。我努力着别让自己失态。她指着我的头皮大骂，根本停不下来：“这点钱都不给，一点儿都不体谅你妈！白把你养这么大！你让我难过死了！我真是失败……”我知道她又在胡说八道了，但她从来都不会听我解释，所以我也不敢解释，只能低着头挨骂。

我只能承认是我错了，我很内疚。但我心里真的很委屈。

我很难过。我泪眼汪汪地看着她，希望她看到我的难过。她突然大吼一声：“不许哭！”然后我脑子里一片空白，再也不清楚周围到底在发生什么了，我只记得刚流了一半的眼泪慢慢就干了。

她继续发火，我把工资卡交给了她，她还在骂。我是多么无能啊！

——保罗

保罗妈：我要的是钱吗？

保罗：那你要的是什么？

保罗妈：你怎么就不明白妈的心呢？

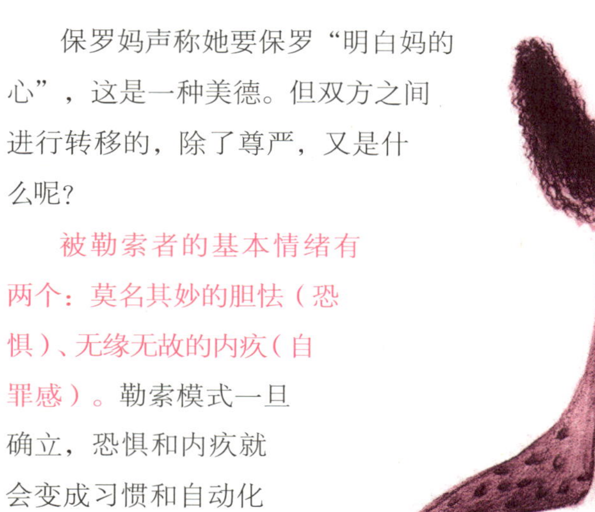

保罗妈声称她要保罗“明白妈的心”，这是一种美德。但双方之间进行转移的，除了尊严，又是什么呢？

被勒索者的基本情绪有两个：莫名其妙的胆怯（恐惧）、无缘无故的内疚（自罪感）。勒索模式一旦确立，恐惧和内疚就会变成习惯和自动化的行为，我们的大脑回路会发生相应的改变，变成程式化的自我贬低，我们会认为自己是个“好人”（老好人），慢慢侵蚀自己的人格和灵魂。缓慢的过程往往都是最有力而无法逆转的。

阿广：我一看到别人生气或者自己一感到愤怒心里就会很慌。

阿广缺乏最基本的安全感。不错，人世无常，世事难料，无论家人还是朋友都可能伤害、欺骗甚至背叛我们，那是生活中唯一的难关。然而，生活中有任何风吹草动都让他胆战心惊。

面对爸妈和老婆，他躲开对方和自己的怒火，上升的血压和怦怦直跳的心脏会让他真切地感受到根本不存在的危险。生活就是战场，而上战场就是上刑场。他草木皆兵、杯弓蛇影，以分钟为单位经历一场场虚惊，无法享受安宁。他大大提高对危险性的预期，即使他从意识层面明确地肯定这种危险并不存在。

他不懂处理家人之间的压力，无法应对不同的意见。他对别人的负面反应感到害怕。他怕老婆和爸妈生气，更害怕自己在他们面前生气。为了保护自己，他主动放弃了保护自己的权利。“老好人”学会了没脾气，他照顾所有人的情绪，除了自己的。

我：你的良心变得臃肿，就像鹅肝一样。

阿广有病态的同情心，能为了别人而放弃自己的需要。他不懂拒绝，取悦整个世界。他有病态的自责和良心，常常为自己内疚而自豪——因为好人才会有良心。他认为坚持自己的意见本身就是一种罪，他随时都准备好了投降与和好。

他没认清真正的逻辑：面对压力，放弃自己的权利就是懦弱。他把对自我尊严的放弃，解释为牺牲、奉献和博爱精神。他只能相信自己是个好人，而不是个窝囊废，不愿承认自己总被别家人捏来捏去，就像一团泥。他支持别人对他任何过分的要求甚至虐待，忘记了没有自我和息事宁人完全是两码子事儿。

在周围的关系中，他成了“牺牲品”，所有人都在吃他的肉、喝他的血，但大家共同营造的假象就是，他根本没有受伤，用刀捅他的心脏是应当的，最起码是可以接受的。

阿广：我不敢表明自己的立场，不敢拥有自己的愿望。让他们知道我的愿望是危险的。他们从来都不会考虑我的。只要没有要求就不会有被拒绝的危险。

妻子剥夺了阿广表达意志的权利。他不愿意承认妻子对他不够好。他依赖她的反馈来肯定自己的存在。他害怕失去她，需要大量陪伴，他害怕她不再喜欢他或伤害他。他自动降低自己的需要，抬高她的身份，取悦她。他努力奉献，以放弃自己尊严的方式赢得她的认可。

“我放弃我自己，因为我不想看到大家辛苦。”藏在语言背后的意思是：“我不能失去任何人，我需要世界的认同和反馈，不然我受不了。”

焦虑：骂不出来的愤怒

焦虑让人战战兢兢、紧张兮兮，在安全的世界里经历各种惊心动魄的事件。

我记得那是个下午，阳光很暖，我第一次见到她，在崇文门地铁站，我来接她。她很漂亮，也很紧张，但看得出来，她已经学会了压抑自己的恐惧，让一般人看不出来。她就是今天的主角，小彤。

对她来说，这个世界是危险的，身边的暗哨每天都在换，她只能勉强和人们交往，躲避人们的目光，因为她不确定到底哪个人想害她，所以只能把整个人群，尤其是接近她的人，视作潜在的威胁，都列在了嫌疑人名单上——哦，在这一长串名单上，大部分人都没有名字。

她安排好所有的细节，精确到分钟，预料可能出现的意外和替代方案。她谨小慎微地走在马路上，如同在走钢丝，每一步我都替她捏一把汗。

地球太危险了。

焦虑是一个体质问题，以身体的肌肉记忆为基础。比起身体的记忆，生活中的事件就像大海上的波浪，只是加重因素而不是根本因素。基础焦虑的致病因素分为两种。

第一种焦虑者，小时候在旁边站着一个我们害怕的人。小彤怕她爸，从小就怕。一想起他来，她就害怕。这么多年过去了，恐惧变成了脓，藏在了她的每个细胞里。恐惧成了她身体的一部分，所以她害怕这个世界，独处时也焦虑。

建议“直面你心中的恐惧”是没用的，这就像“直面肉体的疼痛”一样。很多人想做刮骨疗伤、丝毫不乱的关云长，但我们都不是关公，化解对父母的原始恐惧是很难的，尤其当恐惧这种情绪已经随着年龄的增长融进每个细胞之后。

恐惧会泛化。父亲的咆哮穿越了时空，面对任何人拉长的脸，小彤都像穿越到从前，每个细胞都在颤抖。

和我们这辈子所相信的事情恰恰相反，我们都有对父母发怒的需要，但我们不敢。我的建议很难实施，因为故意找碴儿向爸妈发泄怒火，实在不应该。戴安娜就不敢折磨她妈。

戴安娜：我忏悔，不应该那样对自己的母亲。

我：你应该那样对她。

戴安娜：我向她道歉了。

我：你应该那样骂她，不应该向她道歉。

戴安娜：我告诉她：你是个自私的人。之后再道歉。

我：呵呵。等于没说。

第二种焦虑者，小时候旁边站着一个过度保护的人，通常是妈妈或奶奶。我们都曾经十分弱小，在大人们撑起的一片天空下跌跌撞撞地长大，受伤、受到保护，并学会了勇敢。这时候出现了一双焦虑的眼睛，她告诉我们，不能做这做那。被束缚住手脚，我们就不知道何为勇敢，这是另一种焦虑来源。

小彤的自我分析中，还出现了这样一个场景：她看到一条鱼，很恶心的一条鱼，她感到恶心和害怕，她要把它抓住摔在地上发泄一下；母亲一把抓住她的上臂，不许她去，“哎哎哎，不许动”！这能解释为什么她的焦虑总是集中在右上臂了，它承载了她当时被憋回去的恶心和害怕。

我们无法对父母发怒或变得自私，所以就会害怕或者攻击这个世界，变得焦虑、暴躁。那个会发泄的人成了勒索者，那个老憋着的人成了被勒索者。

暴躁是一种自我治疗，把别人当成自己的药。经常发泄负能量，焦虑就会缓解，灵魂的质量就会比较高。

抑郁：哭不出来的怨气

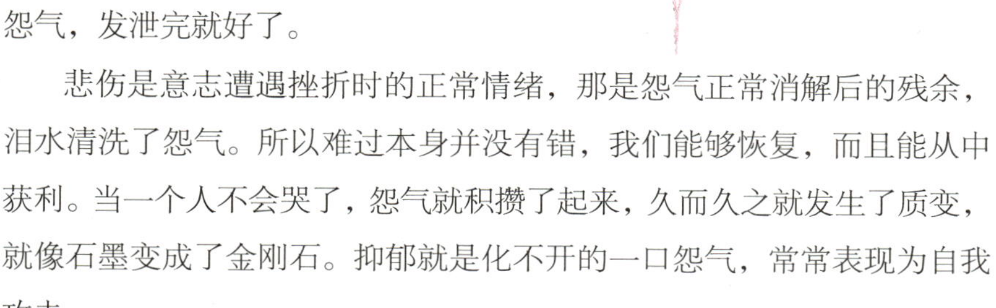

哭泣有快感，就像小时候一样，负面情绪发泄出去心情就好了。面对天灾人祸或不公平待遇，人会委屈。怨天、怨地、怨他人、怨自己，哭是发泄怨气，发泄完就好了。

悲伤是意志遭遇挫折时的正常情绪，那是怨气正常消解后的残余，泪水清洗了怨气。所以难过本身并没有错，我们能够恢复，而且能从中获利。当一个人不会哭了，怨气就积攒了起来，久而久之就发生了质变，就像石墨变成了金刚石。抑郁就是化不开的一口怨气，常常表现为自我攻击。

戴安娜：我是一个大家都以为高智商的人，其实是个超级大傻 ×。

我：哦？

戴安娜：因为在人生重大的问题上，我犯的都是低级错误。

我：那不是你的错。

戴安娜：一错再错。都是我自己犯的错，我无法原谅自己。我现在讨厌被说聪明，因为我根本就是个傻 ×。

抑郁症患者一般都不会哭，就像冻住了一样。我们有一口怨气没有发泄出来，我们无法原谅，我们痛苦、愤怒，但攻击指向了自己。哭不出来才会变成病态的自我攻击，其实它指向一个我们不敢攻击的对象。

半催眠中的诺斯对父亲说：我在你心里到底是个什么东西？我真希望那辆车撞死我。

精神上的孤儿会感到寂寞，仿佛整个世界都离我们而去。我们不敢攻击家长，所以只能自我攻击；我们哭不出来，或者无从哭起，所以我们抑郁。

喜极而泣，泣是大喜。泪水是宝贵的清洁剂，不管是悲伤还是高兴，每一滴眼泪都值一颗钻石。敢爱敢恨敢哭敢笑，才算完整。敢哭的人，才真的会笑。

我：眼睛怎么了？

拉布：昨晚听着歌哭得稀里哗啦的眼能好看？

我：你很勇敢，敢哭，还敢在别人面前哭，还敢把这件事告诉别人。这得有多勇敢啊！

哭泣不是没出息，找对了对象并适可而止，都是情绪的正常流动和宣泄。好东西才值得跟人一起分享，眼泪就是其中之一。

喜怒哀惧是人的基本情绪，每个人都要有一点。舍弃怒和哀，必然不懂得喜。愤怒和悲伤，既是权利，又是能力。哭泣不过是化开了的抑郁，愤怒是燃烧了的焦虑。抑郁是对哭泣权利的怀疑。焦虑是对愤怒能力的怀疑。情绪就像罂粟花，邪恶而美丽，是毒品又是药品，要铲除多余的那些，但它必须存在。

把情绪模式简化和僵化在一个小圈圈内，框得正正的，那是不对的。

躁动：成功了也无法开心

灵魂有洞，人就会空，总觉得有什么不满足，就需要找什么东西来填充。但我们常常忘了到底想要什么样的美好，所以只留下了形式：寻找。

我们会仪式性地说服自己，只要得到了某样东西，就能获得自己想要的生活，凭自己的双手缔造美好的心灵花园，宁静、从容、安然。所以我们缺成功、缺身份认同、缺忙碌、缺远方……丧失感是永恒的主题。

我们首先会把自己的残缺解释为没钱，试着用成功来填充自己的空洞，觉得有了钱，灵魂就饱满了。

子豪：我将来要买一辆大宝马。

子豪这句话是讲给奶奶听的，因为奶奶总是刺痛他，叫他“小耗子”，贬低他，羞辱他。他憋着一口气，想打败奶奶，潜台词是：“我就让你看看，你为什么是错的，因为我很了不起。”子豪考上了公务员，但他无法享受生活的安宁，终于弄来了一辆宝马车，然后被盯上了。这时候，他奶奶已经死了很多年了，但他仍然想要一辆宝马，他只是想要一辆宝马罢了。

但伟大的成功，也不可能让我们停止躁动，我们并不满足。

诺斯：人生虚度了十几年的时间，基本上是在飞速地往前跑，其实只是想让自己放松下来。一直只是为了下半身活着，对钱的欲望要少……

不知不觉我都三十岁了，回头一看什么都没得到，感到无比的恐惧。大钱也花过，小钱也赚过了，再漂亮的姑娘也睡过了。突然开始觉得，没了奔头了。

诺斯得到了自己想要的东西，三十岁不到就成了上市公司的副总裁，但是他更抑郁了。好奇怪啊，诺斯发现自己编造的那套逻辑错了。得不到的永远在躁动，得到了也仍然失落。那个是他想要的吗？诺斯曾经相信，得到了那个就行。但他仍然没有得到平静，不知道接下来该怎么办，好像白忙活了。成功之后的人，反而特别容易抑郁。总感觉没啥奔头儿，活着也就没有意思了。

表面看来，曾经的诺斯是个有理想的好青年，在仪式上存在一个东西，让他去追求。但得到了这个仪式上的东西之后，他却发现就像咬了一口空气，他还是很空。

万丈红尘满满的都是诱惑，远在天涯或唾手可得。但是，什么样的美味能够勾引一个已经吃饱了的人？

苏珊：我又要进藏了。

我：什么时候回来？

苏珊：不知道，也许不会回来了。

生命有三大问题：我从哪里来？我到哪里去？我是谁？宗教用第一个问题回答第二个问题并定义第三个问题："无所从来，亦无所去，故名如来。"或者，你生于上帝，故将归于天父。它让我们知道我们将来会升入天堂而不是被埋进泥土，在黑暗中腐烂并消灭为无。

苏珊穷游了十几个国家，印度、老挝、巴基斯坦……她活着回来了，但她的病压得更深了。阿飞说："有一种鸟没有脚，一生只能在天上飞来飞去。一辈子只落地一次，那就是他死的时候。"这种鸟有没有我不知道，但我知道大部分鲨鱼不能停止游泳，否则就会窒息，身体下沉。躁动是因为不能停，流浪是因为没有停靠的港，没有可以回去的故乡。

故乡是我们的天堂，是一个人记忆最深、故事最多的地方。去远方，

就是自我流放：没有故乡，没有敢回去的地方，没有梦中的天堂。流浪感让她停不下来，还是没有港湾让她四处去流浪？

为了阻止自己思考到底需要什么样的美好，我们会把自己搞累，除了酒精，在自我麻醉方面，我们还有很多手段。为了驱散寂寞，我们给自己找了很多事来做，忙碌和娱乐可以证明和证伪“其实我并不孤单”。我们总是能赢，以下内容就是我们的心声。

我要在那些无关紧要的事情上忙碌，在头脑里灌满无数的计划，不停地赚钱和花钱。我要讨厌和喜欢名人和富豪，把一切虚浮、荣耀、名利和邪恶注射给我，让我像个蠢猪一样去疯狂地模仿并追求财富。

我要尽可能地用工作来占有我，否则我就有机会去认识和反省自己的心痛。我要告诉自己，要想在这个世界上活得更好，得有应酬不完的关系，甚至花掉自己的身体来赢得一些东西。这样，当我筋疲力尽地躺在被窝里，已经毫无力气摘下梦的面具。

我要尽情地享受刺激，随时保持警惕，分散我的注意力。我要在家里打开播放器，我的心要被漂亮的演员和故事情节所吸引，从而一集一集地看下去；我要在所有的路上打开 CD，要让所有的午餐和晚餐都坚持不停地播放着喧嚣，这样就能令我心智阻塞，而把自己远远地抛弃。

我要告诉自己活着就得跟得上时代，这才是有品位的生活。我要积攒高雅的话题，一天 24 小时疲惫；我要被一切垃圾信息吸引，占据头脑，并解读出其中的美丽和恶意。让我像蠢猪一样接受这些垃圾信息的熏陶，这样久而久之，我就会变得愚蠢和习以为常。

我要疯狂地剥夺自己独处的时间，否则我会感到自己的孤单。我要在朋友圈里塞满各种欢乐的信息，收获一堆点赞和人气，并假装这样就能如愿以偿，从而中断与自己的联系。

在这份不可多得的思考结束之前，我心激昂，我要迫不及待地去执行自己的命令，让自己奔忙于各种事情，而唯独不留时间正视自己的灵魂，因为我空虚。

萨摩喜欢养酵素,但看到超市里有卖的了,她的兴趣很快就发生了变化。

正正喜欢穷游，但看到好多人都在穷游，还出了书，她对穷游立刻失去了好感。

王思迈喜欢密宗，但发现我也懂密宗，还会诵经，她开始贬低密宗的价值。

巴塔塔一直想嫁个海归，她被介绍到了那个圈子，很快改变了志向。

这四个人都喜欢非正常的东西。当另类的变成正常的，他们就不喜欢了。好像他们只追求另类，为什么？没有身份感。他们追求一种小众的审美，给自己贴上一个身份的标签。追求小众审美，不是因为他们真的有品位，只是因为小众而已。小众本身就是身份标签。

只喜欢小众，其实是厌世情结。他们认为自己和大众不同，其实是和世界格格不入,也就是不能完全接纳自己作为一个真实的人的存在。“小众”只是为了和世界进行区分，他们并不真心喜欢这个爱好。当它不再与众不同，不能用来定义自己的隔离感、断裂感和抗拒感时，爱好就消失了。他们会用名牌来定义自己,有钱的就用真名牌,没钱的就用假名牌,他们需要外在的标签来定义自己。没有存在感,没有自我,仿佛不这样搞,连小区里的保安都看不起自己。实际上，人家啥时候看你了？

子豪对宝马车的迷恋,萨摩、正正、王思迈、巴塔塔兴趣的迅速转变,苏珊永远停不下来的流浪，诺斯得到后的丧失感……他们仿佛都在维持一种“求而不得”的躁动状态。

当一个追求得到了满足，就需要另外一个“求而不得”。那个表面的目标，根本不是另一个我们想要的东西。仿佛我们永远摆脱不了的，只是这个“求而不得”的存在状态。

那么，我们到底需要什么呢？我们需要暖和的情感，我们需要有人和我们走心。

我：到底想要什么呢？

诺斯：我想找个人，想说话随时随地可以有人说说话。

爱是所有“求而不得”的原型，尤其是父母的爱，无论成功、远方、身份感……

躁动和流浪的人，内在都是一个孩子。在孩子的概念里，有爸爸，有妈妈，并不算有一个真正的我，他们必须疼我们才行。身体长大了，灵魂却没有被喂饱，我们的灵魂没有跟上身体成长的步伐。但作为身体和年龄上的成年人，我们又不能承认自己还需要他们疼，所以我们永远困在了“求而不得”的状态。

我们天生崇拜父母，他们的神龛一直坐落在秘密花园最崇高的地方。当某个神不合格，他们就会被请下神座，于是那位置就空了。我们都知道应当和他们贴心，但贴心不起来，这难道不正是我们最尴尬的一面吗？

当我们的脐带剪开的一瞬间，两个灵魂的连接就建立了起来，没有任何东西可以剪开。我们忘不了、放不下、舍不掉，因为他们重要。

诺斯则觉得父母一切都好，对自己也好，只是拒绝去提他们。拒绝去想，就只能跟自己较劲了。拒绝去想，是因为无望恢复和弥补。诺斯知道，只要父母一道歉，他就会原谅，他的整个精神世界就会亮堂起来。

什么漂亮不漂亮的，自己马上就能找人结婚，过安稳的生活。但他还知道，父母不会的。而且自己已经长大了，如果承认自己还需要他们，就会丧失独立存在的骄傲。

谁不渴望家人温暖的回应？看着家人围绕餐桌旁那一张张笑脸？谁在节日里不会因为没有家人可以想念而感到怅惘？我们都渴望拥有一个幸福的家，那样才有力量停止流浪，因为我们知道在某个地方，有些笑脸可以见，有些温暖的目光会迎接我们，他们在等着我们回来，一起去看桃花开……

自由不在远方，安宁不在天涯。任何飞机都逃避不了回归大地的命运，空中没有加油站。没有可以回去的地方，就只能对另外一个世界胡思乱想或心驰神往。我们只能猜想：在丽江或者西藏的某个地方，有个人在盼望，等着我们回到那个地方……其实没有人在等我们。

爸妈在哪里，家就在哪里。我们最害怕的是认识到这个真相：我们无家可归。无论身在何处，心灵总无归宿。我们不承认这件事在困扰着自己，不希望弄清楚自己的位置。一旦承认这些，我们就会发现原来自己一直都活得很空、很虚、很假，所以我们选择继续活在谎言和躁动里。

Chapter 2
勒索是爱与被爱，还是害与被害

控制 vs 憋屈

从字面来看，“勒索”就是绑架（勒）并索要（索）。情感勒索是精神控制的一种，但和一般的控制不同。无须多言，既然是“情感”勒索，那么“情感”的存在就是这种精神控制的前提。没有情感就没有勒索，就像没有爱就没有恨。我们只能恨我们爱的人；我们不会去勒索谁，除非我们爱他们；我们无法被谁勒索，除非我们在乎他们。

其次，情感勒索中的“否则”常是“暗设”的。普通勒索中的“否则”很明确——撕票，但情感绑架中隐藏的信息特别多，一句话就是一个故事。即使背景不明，我们也知道这个故事惊心动魄。

妈求求你了，你救救你弟弟吧！

这是惜弱的故事，弟弟公司濒临破产，母亲要惜弱卖房子。惩罚性的信息并未明说：“否则”你就是一个坏人！你是错的！后果是严重的！

假如威胁以威胁本身的面目出现，问题反而简单，如惜弱母亲把上面那句话换成“给我钱，不然你就是错的、坏的、无能的或低劣的”。其实，勒索者就是想表达这个意思，只是暗设的威胁掩盖了威胁的本质，把威胁行为化妆成了表面的请求。

暗设的威胁比明示更有力量。其实母亲能够拿出来的惩罚措施，惜弱都能抗住，但母亲并未明说，惜弱脑补出来的恐怖场景就会把自己压垮。

说破无毒，母亲知道这一点，所以她不说破，使惜弱处于巨大的压力之下却不知道自己受到了威胁。她知道惜弱一定受不了，假如她不就范，升级威胁或重复威胁即可。

道德困境吗？并不那么简单。威胁来自母亲，针对的是惜弱，这本来是母女之间的较量，但母亲通过隐藏惩罚信息，巧妙地把战场挪进了惜弱内部。

惜弱卖了房子。但是有一就有二，最后，惜弱终于受不了了，母亲的脸也翻过来了，她拒绝再让她叫妈。弟弟也没有破产，而是因为赌博债台高筑，还因为她拒绝提供第二次帮助，拒绝还她第一次的钱。

惜弱如释重负，原来母亲设置的惩罚不是自己无法承受的痛。没钱了还能赚，当下关系不好将来还能缓和、挽回，让惜弱最痛苦的事情是为什么妈妈和弟弟要欺骗和算计自己。

在母亲和弟弟看来，牺牲惜弱是应当的，她不肯牺牲就是错的；既然牺牲是应当的，所以牺牲是不值得感谢的，不牺牲是需要惩罚的；惜弱是聪明的，不用招数是不行的。家人通过苦肉计利用惜弱的爱和信任强迫她牺牲。

我：人都这样。你给她三分，她觉得你是好人；你给她七分，她觉得你欠她三分；当你给她十分，她会觉得，你还欠她 90 分。

很多控制都发生在小事上。有人在施压，并不在于需求本身有多大。

戴安娜：如果今天她（母亲）想吃桃子，你买了杏，她就会很不高兴。

子女也常利用自己来控制父母。我有个小侄子，刚五岁，一有不如意就拒绝吃饭。他知道爸妈最在意的就是他的健康，他很懂得如何控制家长。

平静的生活之下，处处隐藏着控制和威胁。常年生活在压抑和压力之中，灵魂就会变得不健康。灵魂不强壮，身体和生活就会有反应。我们生活中遇到的一切问题（比如赚不到钱、找不到对象、“老有人针对我”等）、大部分心理问题（强迫、拖延等）、性格上的任何缺陷（冲动、懦弱等）、情绪上的任何纠结（焦虑、抑郁、躁动等），都是灵魂在诉说着自己的不满，但它不知道为什么，为什么自己这么憋屈。

宛若：我是不是垃圾人？

我：为什么这么说？

宛若：我为什么在大学时会遇到那样的垃圾人？如果我不是，我为什么会遇到？

我：遇到了什么样的人？

宛若：就是上次和你说的，我不理他，他想各种办法追我，软硬兼施，但是我就是不搭理他。后来他找我同学，最后歇斯底里。

我：你觉得，他给你带来了荣耀？

宛若：侮辱。

我：哦。

宛若：为什么我会遇到这种人？

我：为什么是侮辱呢？这样一个了不起的人，最年轻的教授。你不觉得开心吗，被他爱得死去活来？

宛若：你不知道那人多么疯狂和变态。

我：说来听听。

宛若：他想追求和得到的，一定要得到，学业上是，生活上也想这样。我超级讨厌这个人。

我：他逼你做他的木偶。

宛若：太可怕了。

搞对象和耍流氓不是一回事。法律上怎么界定绑架勒索？逼你服从，并告诉你给钱是为了你好。耍流氓也是这样：逼你服从，并告诉你给他性爱是为了你好。

“最年轻的教授”在追求宛若，把宛若吓坏了。他隐藏的心理是：“如果你不跟我好，就是不识抬举！你就是错的！”惜弱的两个选择是：第一，跟他好，痛苦；第二，不跟他好，痛苦。他要使第二种痛苦无限增大，逼迫她选择第一种痛苦。

上面讲的惜弱呢？母亲给了她两个选择：要么变成一个无处可去的好人，要么变成一个邪恶的有房者。所以她其实只有一个选择：这样痛苦还是那样痛苦。而在两个选择中，母亲在无限地放大第二种痛苦，所以她其实没有选择。她被剥夺了选择，所以才感到折磨。

人：我给你一个选择：你是选择被红烧还是被清炖？但我告诉你，红烧是过油炸的，清炖只过水烫。

猪：其实吧，我不想死。

人：你看，又跑题了不是？

勒索者把我们逼进一个死角，貌似有两个选择，但无论选哪个，都意味着煎熬和折磨，只是表面看起来服从比不服从死得更痛快。这是战场用语：“要么下马受降，要么快快就死。”暗示的信息其实很明确：听话投降还能保住小命。

对于宛若来说，实际上并不存在两个选择，只有一个结果——痛苦。惜弱则被母亲按在“自残”或“被残”的状态中，其实是一个状态——残。

我：妈妈，我要喝水。

母亲：渴了？来喝果汁。

我：我要喝水。

母亲：水不解渴。

（此处省略一万字）

喝水还是喝果汁更解渴，简直成了一件家庭辩论的大事件，持续了将近一个世纪。我实在无力反对了，说不出话来了。母亲开心了，帮我把果汁端了过来，微笑着看我喝完。我更渴了，只好去外面买了一瓶矿泉水。我不敢告诉妈妈这件事情。

父母在不自觉地遏制子女的成长，口头上讲希望他们成长，最起码过得比自己好，行为上却不一定这样。有些父母习惯了打压子女的自尊心。贬低和打压子女的自尊貌似非常变态，但多是为了把子女的心留在自己身边。这是一种自然现象，老槐树根部经常长出一些小槐枝，作为园丁，我把那些小嫩枝叫“娘压槐”，它们永远都被压制得那么小。

我的母亲算比较极端的。她学会压住我的灵魂，让我永远长不大，永远留在她的身边。我第一次赚到 100 万的时候，她迅速就花光了，而且借了很多外债，当初我很不理解她的反应。现在我知道了她的内心独白：“我真的好怕，你不再全部是属于我的，我好害怕你会离开我，你不再

需要我了。”她在情感上依赖着我，又爱又怕，因为爱所以怕。她怕我成为一个男人，然后抛弃她，离开她。

母亲好像一直认为我是她身体的一部分，还在她的子宫里没有出生，我的大小和形状不符合她的子宫就会把她扎疼。

我的任何成长都让她感到恐慌，痛苦得像她子宫内装着一个超大的婴儿。所以她贬低和否认我的成长，甚至加以破坏，努力使我保持在精神流产的状态。我身上发生的一切成长都让她感到欣喜和害怕，所以她总在贬低我的自尊，让我感到羞耻、卑微、恐惧，以缩小我的人格。她认为我仍然生活在她的子宫里，所以我应当小、无力、温顺、不独立、依赖她，否则她就疼。

她不想把我生下来，她认为我已经精神流产。即使已经生下来，也可以吞回去，这就是“噬子冲动”。这种事在最古老的故事中都有记载。每个流传悠久的故事，甚至迷信都有它根深蒂固的道理，大部分心理学模型都可以向古代的传说、故事中去寻找。弗洛伊德和日本心理学家加藤谛三都认同这个主张。

但无论如何努力压抑，子女最后都会出生，然后母亲变成一幅恐怖的模样。民间传说“九子鬼母”特别能生小孩，早上生一堆，晚上就把孩子们当点心吃了；第二天再生，再吃。又有故事说：暴恶母投身王舍新城，生下500儿女，日日捕捉城中小儿食之。而根据东晋法显《佛国记》记载，王舍新城“城东西可五六里，南北七八里”。东晋的一丈是2.45米，一里是150丈，所以这个城东西约2000米，南北不足3000米。这就是一个村子，哪儿来的那么多孩子供她吃？她吃的都是自己的孩子。

情感勒索就像权力的争夺，有时，失败的一方就像厉鬼一样纠缠不休。如果勒索者不能超越被勒索者，至少会把对方拉低——打压有利于掌控，将对方的人格打压得越低，掌控起来越容易。某明星的母亲是一个奇葩案例，在无法控制女儿后，诬陷她吸毒，妄图通过抹黑她重新控制她。

还有个人，为父亲的地皮还了贷款，为两个弟弟各买了一栋房子，母亲却给他贴大字报写着“抢弟弟财产”。为了抹黑他，母亲出门溜达就喜欢捡垃圾，造成自己儿子不孝顺的假象。

迷信说法中，鬼都喜欢害自己的家人，没有人能让她们有那么大的欲望去征服，除了儿女至亲。

腾云：“烫死我了！”

妈妈：“好舒服啊，好舒服啊。”她一边笑，一边把我压进滚烫的水里。

腾云：“你有病啊！”

妈妈：“怎么跟妈妈说话呢？”她又把我压了下去。

母亲在施虐，但她认为自己好疼腾云。把一个三四岁的孩子放进四十多度的水里，她并不觉得那很烫，她觉得那个水温好舒服啊。但当他提出抗议，且必须用儿童能够使用的最粗暴的方式来抵抗和自保的时候，她仍然用力把他压进热水里去了。为什么她会用自己的方式来爱他？

她认为他的感觉是错的，她要改造他的感受，她认为他没有自己的感受，或他的感受都是错的，所以他并不存在，并不是一个人，而是自己的延肢。

她很爱他，你看，她在向他微笑，她想让他品尝一下在冬天里烫澡的舒服劲儿。她不知道儿童的皮肤娇嫩，她的手掌有茧，这可能是第一次做母亲没有知识和经验导致的。但她不能体会他的感受，而使用强力——无论是智力上的优势（“妈试过了，特别舒服”），还是体力上的强力（将他使劲儿往下按），还是情绪上的优势（边唬边哄）——企图改造他的感受。

果农有一种技术，可以让苹果或者梨长成任何形状。要让它长成一个小孩子的形状或者元宝的形状，只要在没有成熟的果子上套上一个模子，它就会按照农民的意志生长。腾云的灵魂不能自由生长，而是被装进了一个模子或者盒子。母亲不知道这是畸形的，她认为这是为了他好。

人们都生活在自己的世界里。把亲情、爱情、友情变成重压，把别人强行挤进他们的比喻和幻想的世界中去，那个感觉一定很不错。

有些人很喜欢中药味，比如我，有些人则很讨厌；有些人讨厌蟑螂，有些人爱吃小强，比如泰国人，还用歌曲来赞美其顽强的生命力；路边摊位上的小吃阿姨，一般会问你要不要香菜，因为在江西这个东西叫臭菜，认为那有一股洗发水的味道……人们之间有不一样的尺码，完全重叠的人不多。把另一个灵魂任意进行剪裁，那感觉一定不错。

萨摩：她（母亲）说为我好，但怎么会呢？她甚至都不认识我，更拒绝了解我。我就不该拥有自己的生活，我就不该长大。

萨摩的母亲认为萨摩并不独立存在，他们之间不是两个人。母亲认为萨摩是一个大小和形状都错了的雕像，所以母亲想像凿大理石一样把她雕刻成自己眼里的模样。萨摩觉得好疼，母亲认为萨摩的感觉是错的。母亲看不到浑身血淋淋的萨摩，只为自己的刻工感到满意，对遇到的阻力感到恼火。勒索者并不认为他人是有血有肉的个体，而是不精致（不符合自己的标准）的雕像。

受到攻击，保护自己是这个世界上最自然的反应。但可怕的是，面对亲人的雕刻，萨摩无能为力。所以她开始主动缩小自己，以求不被雕刻；或软化自己，免得被雕疼。她怕妈妈感到痛心、震惊或愤怒，再次拿起雕刻刀针对她，她选择让自己变得渺小或软弱。

萨摩在她母亲面前，永远乖巧，她背后的牢骚，什么都不敢对她说。她们是有爱的母亲和乖巧的女儿。她们之间没有触目惊心的争斗，假装正常的样子才让人胆战心寒。

能量的转移：一方强壮伴着一方瘦弱

现在我们讲“勒索”中的“索”。既然是勒索，那总得要转移点儿什么，而且既然是勒索，那就必须是无偿的、不可逆的，带着“抢夺”的性质。

东红：我在学校让人欺负了，回家告诉我妈。她怒气冲冲地带着我去学校评理。

回家的路上，我妈一直在哭，不停地打我的头，打了一路，骂了一路，骂我不懂事，没上进心，惹是生非，简直就一无是处，总也考不了年级第一。如果总考年级第一，哪儿还会让人欺负？

我也觉得自己怎么就这么笨呢，害得我妈那么难过。

……

后来我才知道，原来那个欺负我的同学是乡长的儿子……

然后，我的学习成绩一落千丈，最后辍学了。

感受到了儿子悲伤的母亲，在他的伤口上又猛砍了几刀。为什么？她的负面情绪无处宣泄，只能针对儿子了。

一开始，母亲把儿子看作自己，两者合二为一，对他的悲伤感同身受，所以感到愤怒。但她碰了钉子，她感到无价值、不强大、无尊严、不开心。为了化解自己的不良情绪，她把自己和儿子分离成两个人，在他的身上替代性地完成自己的复仇和宣泄。她对他进行情绪攻击（物理攻击并不重要，可忽略不计），通过贬低他的价值，来证明他是不重要的，所以自己并没有受到多大的伤害。自己的委屈、在儿子身上复仇和宣泄的愿望、对自己最宝贵的东西的贬低，和对儿子的爱夹杂在一起，让她不知所措，哭泣是唯一的选择。

人一痛苦了就总想撕咬点儿什么，以减轻自己的痛苦，那个被撕咬的人就是他的药，疗愈自己心里的伤。子女是上等的疗药。

在东红的案例中，母亲抢夺了什么？东红失去了什么？什么发生了转移？价值感、强大感、尊严、积极情绪等。

通过攻击和贬低，东红妈妈的精神世界恢复了平衡，并没有遭受致命毁灭。但孩子呢？东红长大了，成了一个懦弱的人，胆小怕事、逆来顺受，让母亲更加失望。显而易见，“能量”发生了转移——如果我们把价值感、强大感、尊严、积极情绪等合称为一个词“能量”的话。

家人之间，情感勒索就是能量的转移，遵循能量守恒定律，一个灵魂强壮了，另一个灵魂就萎缩了。比如一对夫妻，我们可以假设这个家庭中的总能量是 200，两人各占 100。当妻子勒索丈夫（或者反过来）的时候，能量的分配就不再均衡，开始向施害者倾斜。能量的总量没有变，变的只有能量的分配而已。

戴安娜：父母不是故意害子女。

我：当然不是故意的，谁愿意故意去伤害家人？但意愿其实并不重要，重要的是结果。离开爸妈，爸妈白了头；跟他们一起，他们精神抖擞了，自己颓废了。当一份关系中只能出现精神抖擞 + 萎靡不振的组合的时候，孝顺的儿女，总会选择自己来做后者。我们无论如何都自私不起来。

勒索还像裁剪灵魂，撕下被勒索者的零碎，塞住勒索者人格中漏风的洞。我们彼此是血亲——只要彼此走心，那就是精神上的至亲——正好没有机体的排异反应，理想的填充物。

能量的转移是有价值的。它让勒索者有勇气、心平气和地去面对自己，从而更有信心地去应对真实的世界。很多事业成功的人士，是因为家里有人可以勒索。他们吸取家人的能量，去保护整个家庭或者家族。

被家人勒索是不可避免的，也有好处。我母亲有个潜在的理论：她高兴就是家高兴，其他家人哭泣、生气、吓得要死，都是为这个家做贡献。这个特别的理论其实很有道理。现在回想起来，一个单身母亲带着两个孩子能够在这个世界上存在下去，的确不容易。而我的能量这么弱，也有其价值。

戴安娜认为：毕竟是家人，出让一点儿灵魂似乎也没什么大不了的。

戴安娜：都是家人啊，输出一点能量有什么大不了的。那不是应当的吗？

我：你很伟大。

戴安娜：人不应该对爸妈伟大一点儿吗？

但其实她是认命了，没有办法。家人之间的勒索，我们往往没有选择权。在我们意识到之前，已经建立完全，改变起来真的很难。

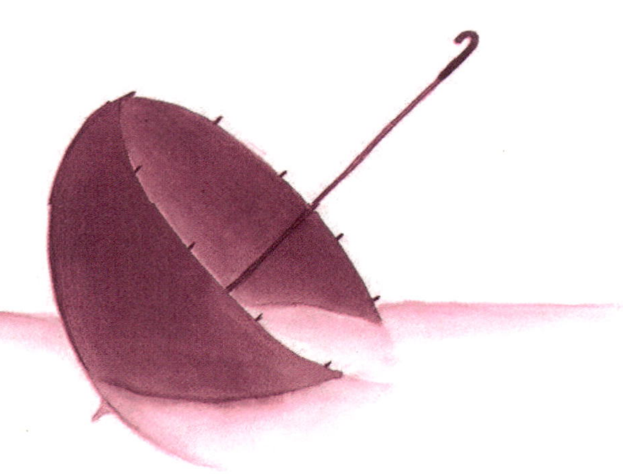

善意的施虐：畸形的“爱”

在普通的勒索中，受害者不听话就免不了挨打，“罪犯”会粗暴地对待受害者。而情感勒索者遇到反抗也会攻击，或者不遇到反抗也会以“爱”为刀剑进行精神戕害。

惜弱：爸爸生气了。你骂我为什么不懂事。爸爸走过来拦着。你一定要罚我，火气比爸爸大得多。第二天，所有人都告诉我：我惹得爸爸和你不高兴了，你被我几乎气晕了。从此之后，我成了家里的坏孩子，经常惹所有人生气。后来才知道，你下岗了。三十年了，你还是不承认，我这辈子，只是你的出气筒而已。而爸爸发火的时候，你做的一切也只是为了保证，我是你专用的发泄工具而已。

惜弱的母亲总是毫无道理地攻击女儿，就像一个酷吏，甚至不小心掉几粒米饭也要罚跪好几个小时。无理的父母常以“家教严”解释自己的罪罚失当，真实的原因其实是他们习惯了精神施暴。

惜弱的情况与此略有不同，母亲已经单方面决定并实施了，惜弱并没有权利拒绝，也没有保护自己的能力。母亲在攻击和破坏，并在她憋住的委屈中感受自己的存在，从而获得强大、安全的感觉。

无理的攻击有额外的快感，比单纯的施暴更让人感觉爽，因为会被无条件原谅。惜弱的母亲自己并不怎么珍惜粮食，弟弟也不需要珍惜粮食，她只是要培养惜弱一个人珍惜粮食的美德。

惜弱的母亲还有句名言，“天下没有不对的父母”。任性的感觉特别棒。惜弱妈妈要的不仅仅是服从，还需要在自己犯错时获胜。比起单独的服从，击败正义似乎会激起她更大的斗志。她很任性，犯错而赢，似乎比单纯的赢更让她动心。她要的是以女儿原谅自己无限大的错来衡量自己的价值。

萨摩和她母亲之间也存在着畸形关系，但我们三个人看到了三个不同版本的真相。

在萨摩眼里：

你的关心，针针见血，刀刀见肉，我连骨头上都是伤痕累累。你担心我？你关心的只有你自己，你只在乎你自己，你意识不到自己是多么自私。这就是真相。你根本看不到我，你的爱有毒。

据我观察：

母亲给萨摩做了各种设置，在用自己的担心缩小萨摩。母亲企图吞没萨摩，如同吞没自己的一个卵子，试图把她变成一个子集，一个比自己小很多的存在。她需要一个缩小的萨摩。她没有真的把萨摩当作一个人来看。萨摩是她最优秀的那颗卵子。她喜欢担心萨摩，她想让萨摩永远被自己担心。

在萨摩母亲的眼里：

我真的搞不清楚，你为什么这么恨我。妈妈到底做错了什么？老天爷啊，快让萨摩醒醒吧！

根据精神疾病判断标准，无自知力是精神分裂症患者的一大特征。从这个角度来讲，情感勒索者真的是精神病。

一般的犯罪要主客观统一，伤了人得有伤人的意愿才算故意伤害，否则只能算意外。从这个角度讲，情感勒索并非犯罪，因为他们虽然给家人造成了伤害，但真不是那么打算的，他们有美好的意愿。

郭勇的父亲养了满院子的狗，对哪个都很好，只对儿子呼来喝去。他六十岁了。那些狗需要他的照顾，他也有照顾郭勇的方式。

郭父：疼孩子就得舍得打。

我：尤其在你气不顺的时候？

郭父最近又闹事了，把儿子家的门玻璃打得稀巴烂，打了儿媳妇几巴掌。郭勇小喝了一杯，禁不住流起泪来，他真的没有办法。

但是另一方面，郭父并不像我们猜测的那样充满恶意，无论是对郭勇夫妇的侮辱、殴打、贬低还是别的什么，他总觉得自己是争议的一方。他在自己的眼里是无私的、为了郭勇好、为了这个家好的，他认为那都是在改变郭勇的坏习惯、坏思想，改变家风，他的一切行为都是有价值的，都是用心良苦、迫不得已的。

他是自己眼中的好父亲、教育家，是在向自己的家人灌输非常有价值的道理。为了自己的至亲的将来，他认为贬低和攻击是正当的选择、唯一的选择，以及最有效的选择。

除了攻击，他没有其他选择。他认为只有攻击才能教育好儿子，只有攻击才能奏效，儿子永远需要管教。他在享受攻击家人的快感，但他不把自己的行为解释为自私。

勒索者有一套逻辑自洽的哲学体系来解释自己的疯狂，把自己解释为一个完美无缺、对家人特别好的人，甚至是一个伟大、毫不利己专门利人的人。他是“家教严”，而不是喜欢精神虐待和宣泄。

他说得那么真诚，那么理直气壮，我能看得出来他没有撒谎。他完全相信自己的谎言。

但意愿并不十分重要，光明的愿望和血淋淋的现实并不违和。意愿常常是后来者，就像律师总是先认为自己有理，然后才去翻法律条款一样，找到一个合理的意愿并不难。

几乎没有人有意犯错，甚至很少有人认为自己是坏人所以去犯罪，罪犯们都有自己充分的理由，大部分都很美好。我们都是自己的正人君子：犯罪是为了让这个世界变得更好，自己是伟大的，最起码是情有可原、用心良苦的。

我就打算跟她好了之后就娶她，我觉得我们俩挺合适的，我会让她幸福的，我会挣很多钱养活她，给她幸福。

——某强奸犯的自白书

在施害者的宇宙里，他们做的一切都是对的。如果换“犯人”做“审判长”，他们早就把自己无罪释放了，而且还会给自己发放一个奖章：“好人”或“道德模范”。

在情感勒索行为中，罪犯身兼法官，他们主动承包了所有的输赢。勒索者不会认为自己在做坏事，他们都认为自己有正当的甚至伟大的理由，他们在做对的事，为了受害者好。

身兼裁判员的运动员，即使有时输个中场，也是有意为之的，最后赢的，肯定是他。孰胜孰败全都掌握在他自己手里。父母认为情绪攻击能塑造我们的性格，情感虐待能锻炼我们的品质，帮助我们成长，所以才理直气壮地进行施害。伤害一个如此尊敬他们的人，他们不但不会感到内疚，反而充满正义感。

“要不是我天天鞭策你……”我的父亲对我说。实际上他只是个绊脚石，而不是个垫脚石，但他希望我把绊脚石理解成垫脚石，如同他设想的一样。在我看来，他是专门来负责搞笑的，他的逻辑就是个笑料，但他真的没有别的意思。奚落不是鞭策，攻击不是教育，但他认为鞭策必须用嘲讽，教育必须用暴力，他相信只能那么做，并深信不疑。他不知道自己在撒谎，因为他对自己的谎言深信不疑。

勒索发生在亲人之间，勒索者会有一个很方便的理由进行施害，这个很方便的理由就是“爱”。情感勒索者需要强迫亲人，加以爱和摧残。

惜弱：家人爱的不是我们，爱的是他们自己的意愿。

13 岁那年，母亲带了个流氓到家里，说是给小萌介绍对象。这个人一脸横肉，小萌根本看不上，而且她也有自己喜欢的人。但是，她还没来得及拒绝，那个人就占有了她。她大声呼救，母亲却不在旁边。她觉得好委屈，直到看到母亲收钱的一幕。她感到很困惑，很害怕。好在这个故事不是你我他，而是我在某个女子监狱里遇到的案例。

关键问题是，母亲为什么要出卖她？

“因为爱。”这不是谎话。

母亲爱小萌，把她当成自己。母亲贬低性的价值，贬低人类对爱情的需要。怎样才能贬低性的价值呢？以最贱的价格卖掉自己女儿（也就是自己）的身体，当女儿觉得自己好贱好贱的时候，母亲就得到了满足。

母亲是多么自私啊，但母亲的爱又是多么强烈啊，不然怎么会把女儿等同于自己呢？她要让自己觉得自己贱，觉得自己不需要爱情，通过女儿。

后来，小萌说我嫁给他得了，母亲拒绝了：“那样的男人怎么值得嫁？”“我这是为了你好啊，教给你一个妈妈这么多年总结出来的道理：男人都不是好东西。你记住这句话。”于是她记住了这句话，并为母亲的教育手段感到自豪。

母亲自以为出发点是好的，她在塑造女儿的人生观，她觉得在这样一个残酷的世界上，让她学会“男人都不是好东西”是唯一对她好的方式。把家人搞得痛苦不堪的，一般都有所谓“好”的出发点。一个13岁的小女孩，会如何处理这种事呢？在勒索者面前，我们甚至不敢怨，而且怨了也没用，反而会让自己感到羞耻。既然无法解决，我们只能把不正常的关系当成最正常的事。

那么接下来小萌会怎么办？唯一的选择，就是扭曲自己真实的感受，开始认为：自己是贱的，爱情是不重要的，母亲是爱自己的，自己是孝顺的，自己并没有受到伤害……只有这样，自己才不至于崩溃。

小萌：看到我这么乖，妈妈笑了，我也感到好开心。

小萌的妈妈笑了，小萌也感到很开心。母亲找人来强奸她，她对母亲感恩戴德。妈妈是爱自己的，而她爱自己的方式，虽然很奇特，但是是对的，是唯一正确的。所以，小萌决定也这样对待自己的女儿们，所以，她犯了“组织卖淫罪”。她很善良，她的眼睛很美，她有三个美丽的女儿，她们都是做这行的，都有做老鸨的潜力。

小萌真的好爱自己的女儿们，但如果她们不听她的安排去接客，那就不是她的女儿。不爱吗？不可能。养只小猫小狗都会有感情。但为什么我们总感觉这里面哪儿不对劲？人们在用自己的方式去爱别人。这份关系之所以畸形和恐怖，乃是因为勒索者打着爱的名义去害至亲。不是每个人都必须接受你施爱的方式。

大部分勒索者都呈现一种病态，有轻有重。他们是病人，也是罪人。受到任何物理上的伤害我们都能接受，时间会冲淡天灾带来的创伤。最让人恐惧和受不了的，是亲人对待我们的方式，所以我们选择扭曲自己真实的感受，认为虐待是对的，并通过自己的行为证明那是对的。我们用同样的方式去对待其他亲人，让他们接受这就是爱，如此一来就能印证自己受到的伤害就是爱，自己没搞错。

小萌的心理结构非常稳定。她忘记了自己曾经尴尬的处境，和自己施害者的位置，她不愿面对真相。她必须把母女间的迫害解释为“爱”，不管是母亲对自己的“爱”，还是自己对女儿们的“爱”。

勒索比爱更吸引人，但它被误当作了爱。

爱：对人或事物有很深的感情。

——《现代汉语词典·第六版》第5页

勒索：用威胁手段向别人要（财物）。

——《现代汉语词典·第六版》第784页

爱是出于温暖而做出一定的自我牺牲，勒索则是为了自己痛快要求他人做出一定的让步。我们会要求家人因为爱为我们做出一定的牺牲和让步，因为爱而做出一定的妥协，心里是暖的。只要你感受到的情绪是错误的，带着威胁和负能量，那就不是要求你爱他，而是在勒索你。

在恋爱的季节里，总要学会说几句肉麻的情话。结婚前后，你用哪句表达“我需要你”？

A：我想你了。

B：你不在，我睡不着。

C：你太不顾家了！

D：你都不关心我，难道你就这么忍心让我一个人难过？

如果一个的要求不再让你感到柔软，而让你感到害怕、上火或不舒服，感受到了压力、紧张和不安，变的就不仅仅是方式，而是本质。

为什么柔情似水的情话，变成了让人愤怒或害怕的东西？爱已经消失，勒索取而代之。你说我没感到威胁那么严重啊！情感勒索中的威胁信息都是隐藏的。你感受到的恐惧、怒火、委屈，都证明存在威胁。

亲人之间的情感勒索手段是精神攻击、控制或虐待，但因为它只针对应当被爱的对象，且伪装成了善意，所以被误当作了爱。美籍心理学家弗洛姆把它叫“善意的施虐”。

读过《猜猜我有多爱你》的人应该明白，爱是不易描述的。

小兔子要上床睡觉了，他紧紧抓住大兔子的长耳朵，它要大兔子好好地听他说。

“猜猜我有多爱你。”

“噢，我大概猜不出来。”大兔子说。

“我爱你这么多。”小兔子把手臂张开，开得不能再开。

……

小兔子大叫："我爱你，一直到过了小路，在远远的河那边。"

大兔子说："我爱你，一直到过了小河，越过山的那一边。"

小兔子想，那真的好远。他开始困了，想不出来了。

……

当你很爱、很爱一个人的时候，也许，你会想把这种感觉描述出来。但，就像小兔子和大兔子发现到的：爱，不是一件容易衡量的东西。

在比爱的过程当中，赢了很快乐，输了也很幸福。但是，勒索来了，它说："我是爱！我就要这样爱你！你不接受，不行！"伪装成善意的虐待，就像外面完好无损但里面已经烂透了的核桃。

爱你，而不抓住你，

感激你，而不评断你，

参与你，而不侵犯你，

邀请你，而不要求你，

离开你，而不感到歉疚，

评论你，而不责备你，

帮助你，而不侮辱你。

如果，

我也能从你那里得到相同的爱，

我们就会真诚地相会，

而且丰润了彼此。

——《我的目的》 萨提亚

这样的爱是不可逆的："你爱不爱我没关系，我爱你就行了，你爱我那事，属于次要考虑"。

天阳：你主动对她（母亲）好，她从来不接受。

我：为什么？

天阳：怕呗，怕领我的情。

我：领情又如何?

天阳：欠别人那是多么恐怖的事情。

我：母子之间也如此吗?

天阳：反正我们家好像是这样的。

我：能具体说说吗? 举个例子?

天阳：比如要给她过生日。她的推辞总让人非常搓火，实际上就是不肯接受我对她好。

为什么他们不肯被爱? 原因很简单：他们知道，自己那个不是爱，被爱是危险的，所以他们自己不肯反过来被爱。接受他人的善意是一种能力。

爱就像呼吸一样，是双向的。只进不出人就会炸，只出不进人就会瘪，那都不是呼吸。强迫的“爱”咄咄逼人，不可逆向。有一种典型的“单向施爱”叫作强奸。

“你要这样做”“你是那样的”，这是未婚夫爱小彤的方式。他觉得指手画脚把意志强加给她，是爱，潜台词是“我管你喜不喜欢，我就要这样爱你”，“你愿意微笑是我今生最大的幸福”。

小彤的情感关系存在明显的不平等——未婚夫是典型的富二代，她因为漂亮和他住在一起，存在婚内强奸的问题——不管什么时候，不管自己舒服不舒服，他都会强要。

他养活我。他不过是让我尽一个好女人的责任，好像没什么问题。我也很喜欢他，他很帅。我说自己不舒服，他就会给我脸色看。我看到他拉长的脸就会感觉很糟、很害怕。

我觉得自己被羞辱了一样，感觉自己就像一个被糟蹋和蹂躏的人。我需要他，如果因为这点儿责任拒绝他，让他失望，我又会很害怕、很内疚。

那么做让我自己都看不起自己，但我却一直在这么做，我真的不敢相信这是真的。

——小彤

在恐惧和羞辱之间，我们知道小彤最后会做什么。小彤说，其实自己也很喜欢这种事，只要他不硬来，但他的态度让自己感到是受到了强迫而不是出于爱才跟他在沙发、厨房、地板上狂欢。小彤知道出于爱是什么感觉，两个人的眼神一交流，双方就知道对方的需求，但最后总会变成强迫。她越来越鄙视自己，但下次还是选择继续，因为不允许他这样，他就解释为她道德上的污点，是她的错。她觉得不舒服、不愿意、抗拒，但又被强迫着做，违背自己的本意，不再能够享受简单、平和、快乐这些本来最重要的事情：上个班，有点积蓄，能抽出空来出去玩玩，和聊得来的人一起吃个饭……

精神上的强奸，比肉体上的强奸更让人痛苦，而且会持续很长很长的时间。它没有刺痛我们的心，而是像一把生锈的锉刀割着我们的心脏。

真正的爱以对方的开心为自己的回报，或者说爱本身就是自己的回报。

王铎（缓慢地，一句一顿）：咱们家的家规就是这样。你不用操心，也不用受累，你就负责最主要的任务。

苏真（好奇地）：什么任务啊？

王铎：高兴。你就负责高兴。

——《九州：海上牧云记》14 集

单向的爱，或勒索，最终都要对方牺牲某些东西，且不必领情。

我：你就从来没有对她好过吗？

天阳：我妈只接受一种对她的好。

我：是什么？

天阳：打钱。

我：这她就不领情了吗？

天阳：不用。

我：为什么？

天阳：她说那是为了我好。

……

天阳：她难过的时候，也从不接受我的拥抱和安慰。

《红高粱》中把勒索者想要的东西，比喻成了黑骡子。父亲认为用女儿换一头黑骡子是理所应当的，女儿应当心甘情愿地这样去做，否则就是错的。但无论要求被包装得多冠冕堂皇或温文尔雅，勒索者一定有自己想要的东西，可以是钱，也可以是情感、服从、快感等，勒索者都有自己不必领情而得到的一头黑骡子。

父亲：你看人家李家，给咱一头大黑骡子。回去好好过日子。往后看啦，李家的财产都归你。人活一世图个啥？嫁了人死活都是李家的人了。快吃，吃完给我回去。

九儿：我走！你不是我爹！我没你这样的爹！你就想拿我换一头大黑骡子！你跟你的骡子过去吧！

——《红高粱》编剧陈剑雨、朱伟、莫言

单向的爱往往与权力、输赢、控制有关，霍尼把它叫“虐爱”。

拉布：什么是爱呢？

我：不强迫一定为你好。

在勒索者眼里，善意的虐待不是虐待，只要打上“爱”的幌子，那就是“爱”。

我：那不是爱，那是强奸。

小彤：……

我：他是不是愿意，或者敢于让你用刮胡刀给他刮脖子上的胡须？

俯视的定位："朕"

由于人与人之间的地位差异，勒索者对被勒索者有一种天然的俯视，而非健康的自信。他们剧本中的角色设定是：我们永远无法和他们相比，所以"朕"是所有勒索行为中隐藏的自称，即使扮惨的勒索者也是如此。

不证自明的地位差距带来了压力和憋屈。父母对子女的爱是天然的，俯视也是天然的；恋人、朋友、兄弟姐妹，甚至陌生人之间，也只在争夺权力的时候才会发生勒索。

轻蔑往往是隐含的、不言而喻的，很少浮出水面。把"朕"藏起来，就貌似没了杀机。

惜弱的妈妈：妈（"朕"）求求你了，救救你弟弟吧！

一个很快脱落的咨客：我（"朕"）认识武志红，你知道吧？一个搞心理学的。

我：哦，我也是学这个的。

隐藏的"朕"掩盖了贬低和攻击的信息，就像一个法官在暗处对罪犯下判决。

妈妈："那么远的距离，我（朕）必须陪你去！"（你是弱的！）

爸爸："怎么又考了个第二？你妈跟我（朕们）这辈子就指望你了，你怎么忍心让我们（朕们）这么失望！"（你永远都不够好！）

女友："你要敢跟我（朕）分手，我（朕）就死给你看。"（你杀人未遂！）

老婆："你太不顾家了！你自私！你会毁了我们的儿子！你会毁了这个（朕的）家！"（你是错的！）

丈夫："我（朕）不想听这些，你就说签不签字吧！"（你是不重要的、你是不存在的！）

朋友：“这点钱都不借，咱俩那（你对朕的）情谊呢？”（你要高尚给朕看，否则就是犯罪！）

俯视会发展成无视，忽略对方存在的价值。一个父亲带着一对儿女，坐在邻桌：

儿子：姐姐的事情到底怎么样了？

父亲：我把钱打在你的卡上了，5000 块，你查一下。

儿子：我问的是姐姐出国的事儿。

父亲：她太矮，不够格。

儿子：我们下周要去郊游，学生会说可以邀请家长一起来……

父亲：我最近在固安买了套房子，真是买晚了，你王叔叔是前年买的，现在已经……

（其间，女儿一直没插上话）

“朕”在自编自导、自说自话。他入戏很深，沉浸在自己的世界里。他演得如此彻底，以至于完全相信自己就是皇帝。他看不到女儿，他还当面议论她：“太矮，不够格。”她成了一个在场的不在场人士。他的谎言（长得矮跟出国有什么关系？）显得那么无可反驳、那么不证自明。在他眼里，她不存在，她并不存在于他的精神世界里，所以她并不存在于这个世界上。

十来岁的楠楠，用自己的零花钱为父亲买了生日礼物，但并没有得到父亲应有的回馈，没有一句谢谢、没有一个眼神，甚至连碰一下都没有。

几乎所有的勒索者都已经单方面决定：双方有天然的地位差距，己方可以凌驾于对方的尊严和智商之上。在自己面前，对方要做出必要的屈身动作。女儿是不需要尊严的，不需要反馈的，也许她的存在都是多余的。他天然地认为：自己有很多特权，不需要对女儿有愧疚的能力；她也要当自己不存在，那是应当的。

他做了一个深信不疑的假设，这个假设是动不得的，因为这是维持宇宙结构平衡的支柱之一，“朕的规矩就是这样的”。皇帝的旨意是圣旨、是天意、是天道，必须遵守，抗旨不遵就得惩罚，就意味着：“你是坏的！弱的！错的！”

懦弱的妈妈：你不是我生下来的那个闺女！

你太欠考虑了！

你太不听话了！

你真没心没肺！

精神的虐待：沟通情绪化

天阳：那可是我妈啊，她怎么可能对我不好？但她对你好，不能直接对你好；对你好，就得横一点，不然她都不知道该怎么过。

精神虐待也是虐待，只不过是因为虐的是心所以大家都觉得无所谓。天阳妈就特别喜欢虐待他，但她永远不会认为那是错的。

我：你其实一直在虐待天阳。

天阳妈妈：我又没打过他。

我：不是打，是精神折磨。

我有个语文老师，给我留下了很不好的印象，我们暂时把她叫石柳霞吧。她以前经常打学生，后来教育部禁止体罚后，她就以羞辱学生著名了。

学校是全军事化管理的。快期末考试了，我蒙在被子里复习，违反了学校纪律。她作为班主任要给我停课三天——远远超过学校的罚则，本来罚站一节课即可。我在班上对着所有的人，一下就哭了。她早上刚刚跟她老公吵过架，所以怒气很盛，从讲台上冲下来，大吼："不许哭！你是什么个玩意儿！"然后将我从座位上拉到教室外面的走廊里。"再嚎？再嚎？你把别人都打搅了！再哭就禁止你参加考试，让你一科成绩都没有！"

我一下跪倒在地，抬头望着这个我最尊敬的师长："老师我错了，老师我错了，老师我错了，你原谅我吧，我下次再也不敢了，我下次再也不敢了。"但是我越哭她越凶，走过来就踢了我一脚，把我踢倒在地，然后扬长而去。

我躺在那里，望着她越来越模糊的背影，软弱得如同一只蚂蚁……突然不哭了，我好像突然明白了什么事情：原来，我不能软弱，我绝对不能认错。因为，认错了之后也没人会原谅你，反而会加重惩罚你，认错是一种弱小的表现，一弱就有人欺负你，即使是你最尊敬和热爱的人，即使你再无辜也没有关系，而且无辜本身就似乎是一种罪。

我不敢哭，也许就是从那天开始的。

情绪化是勒索者的常态，每句话末尾都不是句号，而是叹号，最好是三个叹号！她在像驴一般吼叫，我在哭泣，她还把打扰其他同学的责任怪罪在我的身上，让我觉得自己的哭泣是羞耻的行为。

她对待家人也肆无忌惮。她讲过一个故事，大意是：她带着女儿在银行门口排队。女儿陪在旁边，因为闲得无聊，就踩地上的雪。"她就

踩啊踩，踩啊踩，我越来越憋不住心里这口气，上去就踹了她一脚。‘还踩不踩？’”她对他老公也是如此，学生们常戏称他是“石柳霞的媳妇”。她总是很情绪化，而她几乎不让他开口。

勒索者还经常使用反问感叹句进行情绪攻击，比如“难道孝顺不是应当的吗？！”“你从小都是个听话的孩子啊，怎么现在变成这样了？！”“你就不能给我点儿安全感吗？！”“爱情不应当完全坦白吗？！不应该充满信任吗？！”“难道爱有错吗？！”问号加感叹号的方式，在编辑学里是错的，但是反问中带一个叹号的确是勒索者常用的手段，关键是那个叹号。

即使是沉默，强烈的情绪也不证自明。一个幽怨的眼神、一声长叹、一个摇头、一扇关上的房门、一个沉默的背影……都带着强烈的情绪。失去了语言之后，叹号依然成立。

宁宁：我总是盼着她吼出来，骂出来，可她总用什么都不说来折磨我……我怕妈妈这种撕心裂肺又恰到好处的压力，周围的空气瞬间就会冻成冰。

缩略一下，就是：“……！”

最激动人心的情诗，常常写给了别人未来的妻子，不管是顾城、徐志摩，还是罗密……

每次跟你对话，文字都变得那么有温度，甚至只要一想到你就可以变得温柔起来，在每一缕阳光和暖风中都能感受到世界的美。

你是我的贵人，我常常想，如果这个贵人能常在我身边，那该多好，哪怕每个月、每年能见到她一次那该多好。

……

有感情的话真的好动人啊，甚至能够感动我自己。以后我要天天想你，只要我想写东西。

这是罗密追朱莉的时候写的信。贬低的情绪是不言而喻的，即使人们暂时理不清。罗密生活在自己的世界里，和想象中的朱莉在谈恋爱，企图把她雕刻成一个符合自己心意的爱人。他看不到真实的她，把自己的意志强加给她，企图用假想的她吞没真实的她。她也一度认为自己是一个诗人理想的情人和伴侣。信里压迫性的情绪比表面的情感更真实。当然，意识到这一点需要一个过程。

罗密：我恨你，你把简单的爱情判了死刑。

朱莉：我跟陌生男孩说句话，你都能脑补出一个全须全尾的艳情故事来。

罗密：受伤不是因为任何人，是因为自己，自己太傻太简单。

朱莉：不准确。只是简单，你只是简单地想绑住我。

罗密：我现在就是被你分了手，抛弃了的一只可怜的哈巴狗，连爬起来的力气都没有。别离开我好不好，就一辈子陪着我，一辈子很短的，一晃就过去了。

朱莉：你只生活在你的世界里，我只不过是你那个世界的陪衬。我是一个活着的人，不是你想象中的那个人，你从来都不认可真实的朱莉。你和你那个朱莉去过吧，那不是我。

心理学讲，人有四种基本情绪：喜怒哀惧。这四种情绪既是权利又是能力，但是勒索者似乎失去了喜悦的能力。在他们的情绪世界里，只有怒哀惧。他们把自己感受到的恐惧，通过愤怒和悲伤卸给我们。

而被勒索者仿佛被剥夺了喜怒哀的权利，喜悦、发怒被禁止了。我们不敢（恐惧）笑、不敢哭、不敢生气，只有绷着的神经。被勒索者似乎还有悲伤的权利，但没有公开表达悲伤的权利。公开表达喜怒哀的情绪，似乎成了勒索者的特权，被勒索者只有恐惧的权利。

关于被勒索者的悲伤权，可以多说几句。在我母亲的宇宙设置里，我没有伤心这种东西，有也要憋住，不能表现出来，否则她会用愤怒把我的悲伤怼回去。我一旦袒露自己的脆弱，遇到的肯定不是安慰，而是怒火，骂我不争气。我不敢跟母亲讲任何生活中的挫折和委屈，只有她才有表达痛苦的权利，而她已经替我痛苦过了，所以我不应该表现出任何不开心。

双方都失去了喜悦的权利和能力。在她设置的宇宙里，没有这种东西，喜悦会扰乱她的宇宙的秩序。我总是想向她证明自己能够给家庭带来幸福，也从未换来她的开心。她从不认可我。假如她认可我的能力和价值，我们俩都会很开心。但她似乎害怕被我满足。她会用讽刺来压制我的喜悦情绪。腰杆挺直的我不符合我们这个双人宇宙的设置。所以，为了我好、为了家好、为了这个宇宙好，她总是在我露出悲伤的苗头时盛怒不止，总是在我想开心时打击我的自尊和自信。

你有什么了不起？你表姐一年就买了房子，你买得起吗你？你有什么了不起的啊？有能耐你挣500万啊！100万够干个屁的！那不才90多万吗？你给我凑个整！

她解释说这是怕我骄傲，其实是因为在勒索者执掌的世界里，不允许存在乐观这种积极的情绪。他们用拉长、紧绷或哭丧的脸表明，喜悦和这个世界很违和。

委屈的服从：折磨感挥之不去

如果与一个人相处的过程中，许多细节都会让你觉得莫名的心塞，那就说明两个人不适合生活在一起！朋友也好，爱人也罢！

——小羽

高明的操纵很难辨认，但有个东西不会骗人，它就是折磨的感觉。

迎合家人的意志，有时是一种需要，也没什么大不了的。我们喜欢对家人、情人、朋友做出牺牲和让步，给他们帮助。但到底是疼惜、开心的感觉，还是强迫、紧张、纠结、内疚、折磨、憋屈?

过来，给我擦背！

笨手笨脚的，干点儿啥都干不好！

这是爷爷对腾云说话的片段。夏天到了，爷爷在冲凉，对腾云如此吼道。数不清多少次，他以一个声色俱厉的感叹号终结，把腾云逼成一个逗号。腾云不知道到底发生了什么事情，他只是感到必须去做某些事情，做完了之后也不会得到感激。父亲试图说服腾云："帮你爷爷搓背不是应当的吗？你下次用点儿力气他就不骂你了。"他也觉得很有道理，但他还是觉得不舒服。

爷爷还很擅长对他进行冷嘲热讽。爷爷的态度和语气是不对的，腾云的感觉是糟糕的。在爷爷的世界里，腾云做一切都必须以战战兢兢为前提。即使腾云本来愿意，爷爷也会颐指气使地让他做事。

腾云感受到的不是照顾家人的愉悦、施与、配合、疼爱，而是被迫、压抑、焦虑。他的心老是揪着、绷着、悬着、疼着。他很怕爷爷，他做任何事都要出于被迫，好像他欠爷爷一笔债，而且别指望用这点儿小事还完!

感受比语言真实，甚至比无声的语言都真实。情绪信息从来不会欺骗我们。

小彤：我的身体就像在渡劫。

土耳其：我心里很慌。

莱特：我特别烦，但我不敢说。

尊敬、关心、爱护家人，所以照顾他们，与被迫去做，完全是两回事。如果我们感到不舒服、折磨甚至恐慌，那就说明了我们的不利地位。我们的自我并没有完全消失，但当我们入戏太深，完全配合着剧本的进行，当真实的感觉被扭曲成“这样就很好”，我们会陷入令人窒息却自认为的安全，开始自我折磨。

我总有一种喘不上气来的感觉，偶尔我也怨她（母亲）……

唉，算了，就这样陪着她幸福地过完下半辈子，其实我也该知足了。

——宁宁

宁宁把折磨感咽下去了。至此，勒索通道已经完全打通，畸形的关系建立完成，负能量的传递如滔滔江水冲进另一个人的精神花园，谁也拦不住了。这时候发生了自我强迫，我们逼着自己如何如何。折磨感仍然还在，但好像是我们自己在折磨自己，不怪别人。

语言背后的真相：情绪不说谎

拉布的女儿：妈妈爱我。

我：那你是什么感觉？

拉布的女儿：我很害怕，我很难过。

我：为什么？

拉布的女儿：老师和妈妈都在冤枉我！

我：她们为什么这么做？

拉布的女儿：她们为了我好。

我：为了你好，你就要害怕和难过吗？

拉布的女儿：我不知道。

拉布的女儿被老师和母亲合力冤枉，但她同时认为大人们都爱自己。

语言，包括内在语言（“他们为了我好”），也就是拉布的女儿给自己的解释，都成了虚假信息。语言，甚至内在语言，失效了。内心独白和真实感受都和语言脱节了。

妈妈辛辛苦苦一个人地把我拉扯大，我真的很感谢她。我们都知道，她为我付出了多少，我爸离开那么早……

我交了好几个朋友了，每次她都不请自来，话里话外全是刀……我能理解，她很怕别人把我抢走。

一看到喜欢的姑娘我就满心的内疚。我都快被折磨死了。

我总有一种喘不上气来的感觉，偶尔我也怨她……

唉，算了。就这样陪着她幸福地过完下半辈子，其实我也该知足了。

——宁宁（男性，45 岁，未婚）

宁宁被母亲控制住了，但他同时认为被控制可以是一种幸福。他编造了一个理由来为对方和自己进行解释，强迫自己维持表面上的正常关系。他在合理化一种不合理的关系，掩盖着扭曲的真相，也就是真实的感受。

在易卜生的《玩偶之家》中，丈夫像爱一只玩偶或一只宠物一样去爱自己的妻子。假如妻子认可了自己作为贵妃犬的身份，这

种关系得是多么畸形啊！她的灵魂被压抑得如何扭曲啊！

戴安娜：爱本来就是恩慈，是付出，是否被勒索，就看被勒索的人是否受到伤害及伤害的程度。

我：最可怕的是，被勒索者最后会否认自己真实的感受。他们认为自己的痛苦是假的。

戴安娜：这个难以分辨，需要分析师去帮助，是否违背了被勒索者的主观意志。

我：被勒索者无力维护自己的主观意志，如腾云；或者已经失去了主观意志，如宁宁，他已经被完全洗脑。

戴安娜：他母亲是否使其迷惑、混乱、神经质？

我：混乱、迷惑、神经质都有，但双方都不知道。

戴安娜：他深感不幸福？

我：深感幸福。他已经不知道啥叫幸福了，他已经篡改了幸福的定义。

戴安娜：他怨恨自己的母亲？

我：宁宁和母亲一致认为，假如宁宁感到了痛苦，那都是宁宁自己的问题，无能，或者道德低劣。

情感勒索的受害者都有斯德哥尔摩症状——受害者爱着施害者，我们都把控制和强迫理解为爱。我们不知道自己是受害者，知道了也不愿意相信。受害本身就很让人难过——“我难道这么无能吗？”我们更不

肯相信自己最信赖的人在施害——“这个世界难道这么冰冷吗？”慢慢地，强迫－被强迫关系变成了可以接受并唯一可以接受的关系模式。

说出来给别人听或自己信的，都成了谎言，内心的独白都在欺骗我们。语言失灵了。那么，语言背后的真相，到底是什么？

讲一个烂大街的故事：有个失明的老人在街头乞讨，他身前有块牌子写着：“我是个盲人，我需要你的帮助。”（I am blind. I need your help.）给钱的路人很少。有个姑娘给他改成了：“这是个美丽的一天，但我看不见它。”（It’s a beautiful day, but I can’t see it.）给钱的人络绎不绝。

这两句话的差别所在，就是语言背后的真相。这个真相就是情绪，我们感受到的愉悦、舒服或感动的感觉。前者陈述的是事实，在第二句话中，则有情绪在流动。

语言本身没有任何意义，文字并不传递任何信息，我们能够交流的只有情感和情绪。贬低、平视、仰视的信息不一定需要说出来。行为、脸色会表达一切。我们也不必听到贬低的信息才感到不舒服，我们的情绪不会欺骗我们。情绪甚至不需要语言而存在。比如遇到一只狗，你一紧张，它就凶。你不紧张，狗就当你是一棵植物一样。原始人也一样，大家语言不通，你不搭理他，他就认为你是一个过客，没有威胁，如果你跑，那肯定就是敌人了。

语言在传递错误的信息，内心独白也在欺骗我们，但情绪从不撒谎。是开心还是折磨、是紧张还是放松，谁都不会感觉错。情绪甚至是一个生理指标，用体内的肾上腺素浓度来衡量，它独立于语言存在。

情人之间经常维持着一些两者都懂的夸张和偏离原意的措辞。

男：你别生气了。

女：你还敢不耐烦？

男：我哪儿敢啊？

女：你真讨厌！

男：我讨厌啊？骂得真好听，骂得我浑身一机灵，整个人都酥了。

女孩很任性，但男孩没有焦虑、恐惧和负罪感等情绪。剥掉攻击性的语言，我们能看到情绪透露出来的真相：撒娇、打情骂俏、吃点小醋，甚至，男女之间偶尔的轻愠、肉麻和健康的情话，是亲密关系所必需的调剂。这不是勒索，只要情绪的真相是好的，两个人在一起就是轻松愉快和惬意的。

戴安娜：敢不敢尝尝我的手艺？

我：啊？

戴安娜：活活撑死你！

我：真的好难吃哦。

戴安娜：找死？

情绪是对的。表面上，双方在用语言进行攻击，但情绪透露出的真相是和谐的相处。最终，戴安娜康复了，她得到了救赎。

Chapter 3
为什么
相爱的人要互相伤害

丧失感

世界上有一些人很重要，他们在我们的生命中占有很大的分量。经过长年的陪伴，我们彼此产生了浓厚而强烈的情感，无论记忆是冷是暖。我们会沉淀为彼此人格的一部分，我们是父子、母女、兄弟、姐妹、情人、伴侣、闺蜜……我们曾经在一起生活，从彼此的心里走过。他们就是我们的“重要他人”。

我们彼此熟悉，心连过心，或心有灵犀；我们曾经最有效的沟通语言就是眼神，不用说话，就知道对方在想什么；我们享受彼此肢体的触碰，享受拥抱的温暖和体温的互换；我们在一起不紧张，没有芥蒂，互相珍惜，从容相对……这是正常状况。

正常之外总存在异常。异常的“重要他人”出现了：我们有一个要求——“爱我”！但他们拒绝了或给不了，于是怨和爱纠缠在了一起。

任达华主演的一部电影里有个套路情节：女二爱男主，男主爱女一。男主和女二提出分手，说自己爱上了别人，他在乎女二，所以无法再骗她。

这是部经典，因为它不全是套路：女二很激动，她撕开自己的上衣，泪汪汪地露出自己最柔软的情感和身体，嘶喊道：“你要我！你要我！”他弯下腰，向后退，向后退，向后退，“对不起，对不起，对不起”……门关上了。女二的信心和尊严被彻底摧毁。

没有爱就没有伤害，没有任何人能伤害我们，除非我们爱他们、需要他们。我们只是怨他们不爱我们，任何亲人之间的恨和怨都是这么来的。

真实的世界往往比剧本更加惨绝人寰。拒绝我们的是我们最舍不得的人。我们宁肯放弃最宝贵的东西换他们的爱却求而不得。我们无可奈何，只好把那个需要被爱而没有被爱的自己冰封起来。于是整个宇宙都冷漠了。

“有了信仰，人就有了十倍的力量。”①亲情是一种信仰，亲人就是我们的“神”，赐予我们力量。

大洁：为了我爸妈，我一定得争口气。

在人口疏解的过程当中，我们小区周围的七八家小卖部都倒闭了，只有大洁一家坚持了下来了。她有力量，她的精神力量来自爸妈，这力量让她强大。曾经被无比强大的存在所关心、关注和疼爱，让人遇到任何困难都能挺过去。没人疼、没人爱、没人理的感觉很不好，幸亏拉布找到了替代品。

拉布：曾经是爸爸，所以这么多年一直精神上依赖你（男友），每当难过无助的时候就和你隔空倾诉。

但更多的人没有找到替代品，空出来的那块心房就会成为一个洞。而处理这个空洞的方式演绎出了形形色色的人生。

苏珊：害怕自己失踪了也没人找……我知道，没人找……没人爱我。

我：不要忘记，世界上最起码还有一个人爱你，那就是你老公。

苏珊：我对不起他。

我：为什么？

苏珊：我感受不到他的爱，所以我爱不起来……我欠他的。

我：你想让谁爱你？

苏珊：我最近把我妈臭骂了一顿，把我爸恶心得也够呛。但我并没有感到快乐。

我：为什么？

---

①《乌合之众》，古斯塔夫·勒庞著，民主与建设出版社。

苏珊：我要他们爱我，但他们给不了我想要的。怎么办？

我：对啊，怎么办呢？

苏珊：我只能骗我自己说我不需要。我愤怒，我难过，我受不了，我不敢哭出来。我折磨他们、逼他们，他们还是给不了。

没有精神寄托和依赖，灵魂就像一朵长不开的花。我们学会了靠自己坚强，同时绷住劲儿，不敢开心，不敢成功，也不敢用力去爱，没有胆量尽情施展自己的才华，无法享受自己的创造力和辛勤努力带来的成果，甚至有时不敢在看到美景时尽情地赞美一句："好美啊！"

心里有洞，我们就会感到空虚和残缺，跟没吃饱的感觉很像。在《旷野的呼声》里，约翰·桑德死了，大狗巴克心里空了。杰克·伦敦说：那种感觉就像没吃饱一样。可等巴克吃撑了，饿的感觉却没有停止。

我们总感觉自己不完整，莫名其妙地躁动，总是渴望什么。为了感觉不空，我们需要不停地填充。有些人会用食物、金钱、成功来填这个坑，而勒索者会用亲人来填充，丧失感会让人变得非常自私和贪婪。

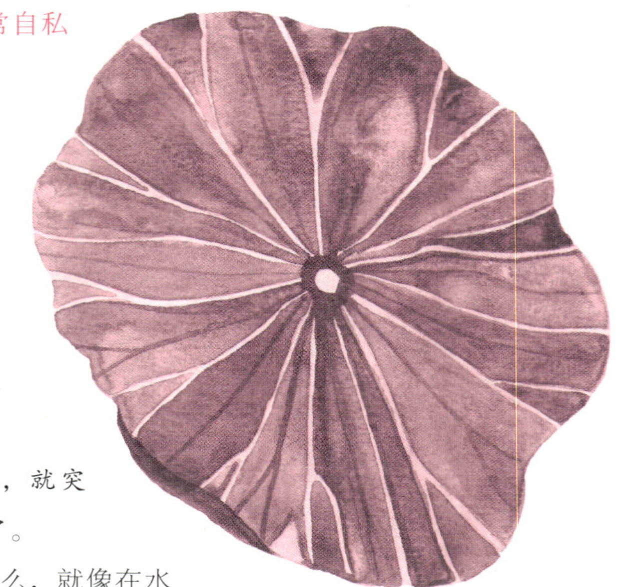

宛若：我最心疼的一直都是我自己。

我：应该的，没被人疼够，突然就没人疼了。

宛若：我发现我的堂妹也是这样。

我：还没被爱够，就突然要进入大人的世界了。

他们总想抓住什么，就像在水

中下沉的人，想抓住旁边的任何稻草，将全身的重量施加其上。他们并不把新的人——恋人、儿女、朋友——看作其应有的角色，而是把全身的重量压上去，向错误的人索要正确的东西，如向妻子索要母亲的溺宠，向儿子索要父亲和丈夫的那份财宝，诸如此类。因为他们残缺。

天阳的母亲：小时候我觉得，长大后一定要嫁给我爸。后来我爸走了，不能嫁了。我就说，好吧。那我该爱谁呢？我就爱我表哥吧。后来表哥的婚宴上，我喝醉了，我真的好难过……我每次决定留住一个男人，他都会离开我。

对于天阳妈来说，父亲，这个生命中最可爱和求而不得的人再也回不来了；所有代替他的人（表哥、前夫）一一离她而去，怎么办呢？一次次失去最重要的东西，感觉真的很痛苦。遭遇过巨大的情感损失，人就像被撕裂了一样。

她失去了整个世界。整个世界都离她而去，不再需要她。她丧失了存在的价值，所以她需要吸取些什么才行，就像练“吸星大法”的任我行。她需要吸住并吸取一个人和他的情感。她要黏住一个人。她害怕被再次抛弃和拒绝，任何风吹草动都让她感到恐慌，所以她吸住了儿子。

勒索者需要家人一遍遍证明他们还在，他们爱自己。一遍遍地确认，才能让勒索者感觉安全。最好是把家人捆起来，不让他有任何机会去爱别人，把他所有弥散的情感都汇在一起，滋养自己一个人。锁起来才是最安全的。

在电影《苏乞儿》中，袁烈就把外甥用铁链锁了起来。他失去了父亲、妹妹，外甥是他在这个世界上唯一一个亲人了，在他看来，为了不失去这个亲人，只能这么做。潜台词是：“我总是失去自己最宝贵的东西，我会失去我爱的人。所以我必须控制住他，否则我就会失去。”同样，天阳妈企图抓住奔跑的爱情失败了，现在她要绑住成长的亲情，用枷锁制造一种紧密的纽带关系。她相信：在不捆住他的前提下，她就会失去他，因为他是自己不可或缺的一切。

当天阳感到迷惑，无法迎合母亲的需要，母亲就更烦躁了，她进一步榨取他一切的关注和关心，干涉他的社交活动。天阳感到绝望、束缚、恐慌，纠结感导致了他的抑郁症；他渴望成功去取悦和保护母亲，同时对母亲产生了恐惧和报复欲，这把他几乎撕裂。他痛恨父亲（单身的母亲对他一遍遍发泄对前夫的愤恨），又因为对父亲身份的等同带来的乱伦冲动感到强烈的自罪感，但他又因为取代了父亲的位置而感到战胜了整个世界，在自己还没有能力的前提下用自己的方式去征服宇宙。他有不切实际的幻想，好高骛远、十分冲动，以故意伤害罪被判了一年。

丧失感是令人瘫痪的终极恐惧。大人常用一句话来吓唬小孩，“不要你了”。这句话几乎人人都听过，我们会立刻吓哭。长大后我们仍然相信，只要亲人不要我们了，我们就会死，就像小时候一样，整个人一冷，就像掉进了冰窟窿。

丧失感会让人担心失去眼下的一切，害怕失去家人与关爱，所以他们想控制，贪婪地索要全部的关注和爱，永不餍足。

撕裂的灵魂会对“稻草”变得贪婪。对失去的恐惧是不分国界、性别和年龄的。天阳妈想困住老公，老公离开了——再次伤害。所以，这个世界上唯一一个可能不会失去的最后一根稻草，就是天阳了——她要完全避免以前那种丧失的撕裂感。她锁住了儿子，他离开她的控制范围就好像他离开了这个星球再也不回来了一样。她要一遍遍地证明：天阳不会离开，她不会失去他。她在情感上依赖着他，又爱又怕，因为爱所以怕。她还怕他成为一个男人，离开她、抛弃她，就像曾经发生的一模一样。

贪婪集中在某个人身上，关系就会变形。一方要，另一方给不了。所以那个洞永远都空。求而不得，会让人采取进一步行动。重压之下，情感的索要会变成权力的竞争，而权力竞争必将导致服从或对抗。

天阳母亲要他满足自己最隐私的期待：我需要你做我的儿子，满足我的母性；我需要你做我的丈夫，满足我的安全感；我需要你做我的父亲，疼我、爱我、无条件包容我。你给不了，不行！

三重重担加在一个孩子身上，她没有觉得残忍、自私和贪婪，因为她是残缺的。她没办法不这么做。但搞错了时间、地点、人物、情节、行为的剧本没有一个不是悲剧。情感悲剧各式各样，结局也并不重要，因为主要的情节都是类似的：一方有需要，另一方想给，但给不了。勒索者想要的东西，是眼下这个亲人给不了的，所以勒索永远停不下升级的脚步，直到病症或悲剧的形成。

被需要感

人人都有需要，我们需要家人在意我们的存在，我们需要他们的陪伴和认可。但是，需要别人的感觉并不好，会让人感觉渺小、不独立存在；主动索取别人的陪伴和在乎，会让人感到羞耻和无能；求而不得人就会绝望。

需要爸爸，爸爸死了；需要表哥，表哥娶了表嫂；需要老公，老公有了外遇……现在只剩下天阳了，只有他需要她了，假如连他也不再需要她了，她该如何是好？那可太恐怖了。她一定要保证那件事不会发生。如何保证？制造一个无能所以需要她的天阳。

第一次见天阳，颇具戏剧性。迎面扑来一股子臭味——脚臭、汗臭和不知名臭味的混合体。抬头看到乌糟糟的一团乱发和焦虑疲惫的眼神。他满口地道的伦敦腔，高谈莎士比亚，对国内外政治形势的分析也让我感到十分钦佩。他性格冲动，不会打扫卫生，他找不到女朋友。大一大二的时候，母亲不得不一次次从老家赶到学校为他洗衣服，并一遍遍地

向学校领导道歉，向辅导员下保证，但是事情根本就没有好转。后来母亲不得不搬来学校附近，陪着他过完了剩下的校园生活。他不能自理的生活仿佛是一种病态。

我：您实在太需要天阳了，所以您把他搞成了这样。

天阳的母亲：跟我有什么关系？

我：生活里出现的问题，都是灵魂上有伤；既然有伤，那就有凶手。凶手是谁？

天阳的母亲：是他爸，那个混蛋……（此处省略一万字）

我：那个凶手其实是你，你束缚了他的独立能力。

天阳的妈妈并不独立存在，她仿佛一棵藤，总需要扑在什么上面才行。她控制住了天阳，寄生在天阳身上。但她不允许自己认为自己需要天阳，所以必须制造出天阳才是藤的假象。

她用他来填充自己心里的洞，她像一棵藤一样依赖着他，但她又不能承认自己需要他。需要别人是一个恐怖的真相，所以她只能去制造证据，

争执不会伤害情感，争执之后的冷暴力和死心眼才会.

证明不是她需要他，而是他需要她。她不像戴安娜的母亲一样坦白。

戴安娜：我母亲，她只是个任性的小孩。她很直白，就赖上我了。

她不能失去他。没了他，她没法生活。她需要他需要他。为了让他停留在她的宇宙中，她通过贬低他设定了他的无能，并把这种设置一遍遍地重复给他听。

贬低常常是暗设的。“我儿子特别老实”“他生活不能自理”“洗衣服是女人干的活儿，你一个大学生不许插手做这种事情”……通过一遍遍催眠，她在这个世界上创造了一个人，一个很重要、很可爱的人、被催眠得非常弱小的人。他需要她了，因为他已经获得了“无能”的属性。既然他无能，所以需要她，那就不是她需要他了。

她就这样创造一个二人世界，一个需要自己的二人世界。她是这个宇宙里的掌控者和支柱，是伟大的施与者和赐福者。有个小世界需要她，就仿佛整个世界都需要她了。

他不想要这些绳索。被母亲在能力上进行贬低，让他很痛苦。但为了迎合母亲的需要，也因为他无力对抗这些设置，天阳进入了角色。他接过了接力棒，去实现这些设置。为了对母亲效忠，他的整个情感世界中只有她一个人的存在，他不懂得爱其他人，也抗拒或恐惧被其他人爱，他的世界里只有她。他只能让自己的痛苦暂时停止工作，来维持双方的关系。他不愿离开自己牵挂的人，他避免和她产生冲突，强迫自己留在她身边。

当亲密关系密不透风时，人就会感到窒息。天阳在情感上依赖母亲，又痛恨这种依赖，所以他很乱。爱、愤怒、无力感、羞耻感等一切纠缠起来，让他不寒而栗，坚决不去梳理。面对一团麻一样的自己，他肯定感到困惑，为了保持自己不分裂，他拒绝去正视那些自相矛盾的自己。但是他很痛苦，会无缘无故地哭泣，有时候一个人流泪，也会当众哭泣。所有人都不知道这是为什么，母亲只能解释为懦弱。

懦弱和冲动是一回事。他生活中出现了一个极其严重的问题，导致母子关系必须暂时破裂和分开。被禁锢的剧痛爆发，他打了人，他进了监狱。母亲一下就崩溃了（脑梗加抑郁），只好等他出狱，继续让他需要她。他出狱后，她的病很快就好了。

天阳说：他很怀念在监狱里的日子，那里仿佛更自由自在，也更温暖。

他回到了人间，回到了被监禁的生活。

有害的快感

从隐隐不舒服的状态中解脱的感觉，就是快感。为了从不舒服的状态中解脱，首先需要不舒服，不适是产生解脱的前提。所以愤怒、悲伤、恐惧是产生快感的前提。而当愤怒、悲伤、恐惧的是别人，而不是我们自己，我们就既不会愤怒、悲伤、恐惧，又能感受到解脱的快感。这就是看戏的妙处，剧中人在代替我们痛苦，我们只剩下了快感。

亚里士多德说："悲剧能净化人的灵魂，让人得到'无害的快感'。"勒索者会在生活中制造悲剧去获得快感，只是这时候的悲剧是真实的。

快感和快乐不同，快感更多的是生理上而不是心理上的感觉。

勒索的基本形式是控制。控制或改变他人的意志行为，就像在自编、自导、自观一场戏，会让人产生看戏的快感，我们可以把它叫"戏剧性快感"。操纵者（或编剧、导演）有神一般的感觉——我一动念头，世界就会按照我的意愿运转。

我妈跟我说："你特别怕冷，所以羽绒服必须穿上。冒汗？那是虚汗，一会儿你就冷了。"我只能乖乖地穿上。外面热得够呛。可我不敢脱，因为我妈跟着呢。我怕她激动起来，不知道要闹出什么乱子。她可从来不会给我留面子，她会当众叫我的小名，硬给我穿回去，第二天我就会成为大家的笑柄。

还有一次，我听妈妈对外婆说："今天吃虾。"然后我们去了超市，我兴奋地说："妈，咱们今天做虾吃吧。"我觉得这次肯定得遂我的意了吧，然后她买了鳜鱼，数落我不懂事儿……无数次都是这样。好像我任何想法都是错的，我的存在就是多余的。

——天阳

随心所欲能给人尊严，让人感觉自己强大、有价值。母亲五花大绑，控制住了天阳，通过他在导演一场戏。一切都是母亲说了算，她随心所欲，她能够扭曲他的意志，就像编剧控制自己剧本中的角色一样。她感受到了快感，他感受到了愤怒、悲伤和恐惧。天阳妈的独白应该是："我开心了就是你开心，因为你只是我剧本里的一个角色，并不独立于我而存在。"很合理的一个逻辑。

对快感的需要会升级。快感这种东西就像海水，越喝越渴，越渴越喝。当普通的控制不够痛快，掌控者会把剧本改得更加惊心动魄。他们会让世界先躁动起来，然后让世界平静下来，编写一个跌宕起伏最终归于平静的剧目。这是打游戏的妙处。

很多父母学会了惹怒子女的技术。惹怒儿童其实非常简单，因为大人掌控着他们最基本的需要。儿童的需要都是精神需要，只要不满足他们的精神需要就可以了。

彩平：端端为了得到拥抱，很违心地说了一句："我好冷呀。"（这里是北京，2017 年 7 月 4 号，离小暑还有三天。）

荣荣：二宝一个不高兴又开哭，我说："这是公共场合不能哭，影响别人！"二宝听了马上停了，从凳子上下来拉着我要往外走，说："我要到外面去哭！"②

当我看到一个暴怒的孩子，我就知道：他只有在强烈激动的时候才

②这是两个朋友，很健康的朋友，不是我的咨客。

能得到最基本的满足，而他的父母中一定有一个人，对惹怒他乐此不疲。

微博上有个很火的视频：一个小男孩总是对母亲大发脾气，用头撞墙，躺在地上，哭嚎不止……人人都在指责小男孩为什么如此恐怖，而在我看来，更恐怖的是他导演悲剧的母亲。

他母亲很享受对儿子进行精神刺激，比如对他撒谎（没带钱不能买玩具），而且她知道他知道她在撒谎（不是没带钱）。她把整个氛围渲染起来，制造了一个大 boss 级别的小怪兽，可以去惩罚和指控。她喜欢服从，更喜欢战争，如果不能镇压，就好像根本没完成一件事一样。她需要一个暴走的儿子。谁家的孩子几岁就是暴脾气，这家一定有一个大人需要打怪兽。

单纯的控制并不能制造多少快感，没有阻力的控制是不够完美的。有害的快感和对方憋住的委屈或被熄灭的怒火值成正比。要满足本我中的快感，没有大 boss 可打，那可不行。没有反叛是不行的，没有对手是不行的，对手太弱是不行的。她太需要操纵了。她已经习惯了用戏剧化的冲突挑起战争并将儿子置于暴走状态之中，然后赢。她需要的是战争本身，需要战胜强大对手时的快感，所以必须创造一个暴躁的儿子。

她能惹怒并平息他，他无计可施。她在制造并消灭一个小怪兽，她在玩最让人上瘾的游戏。她掌握了惹怒儿子的开关，并乐此不疲，她需要征服和操纵，她需要制造出一个小怪兽来。

但是，如果她想“骑着妖精去战斗，拿着神兵去征服”，为啥不去玩网游？网游不好玩儿，现实生活中的游戏才更加真实，感觉可比玩游戏嗨多了。儿子就是那个要打的怪，她一遍遍地打，心里感觉真痛快。她不喜欢打小怪，没有暴走，就没有快感，为了得到更多的经验值，她习惯了把儿子惹成暴走的大 boss，然后再征服。

我的母亲是个典型的“网游性操纵者”，她周围需要一个暴躁而需要镇压的人设。如果我太老实，她就会试探并羞辱我，贬低我的价值和人格。当我起了火，她的攻击会升级，强迫我平息怒火。这样一来，她

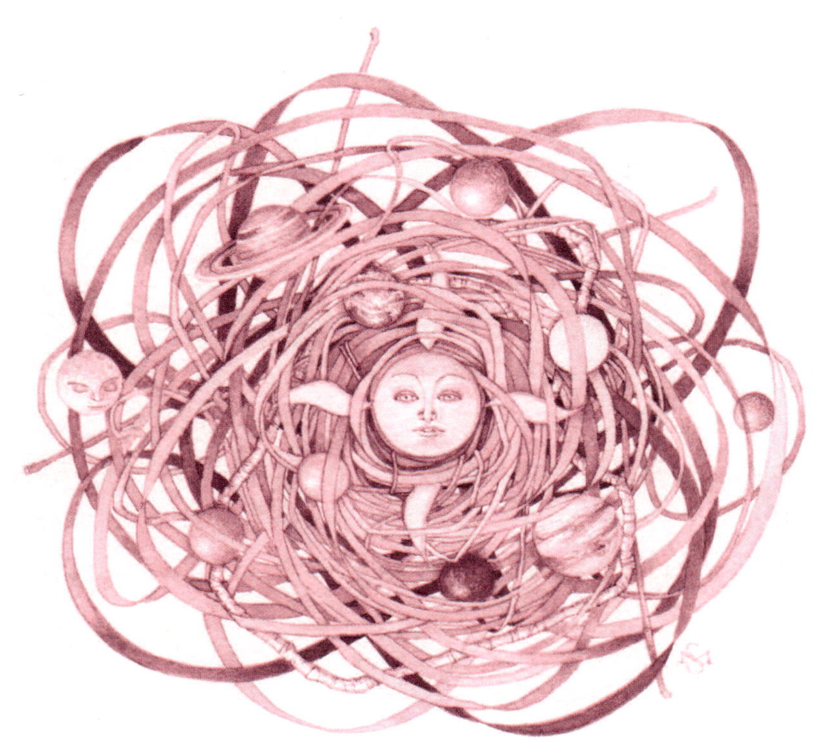

仿佛就更加胜利了。“治不了你了！”这是母亲的口头禅。三任丈夫和舅舅对母亲的评价都是：“她总得治个人才行。”操纵这个世界，是她的需要，所以她的世界中，必须存在一个暴躁而需要被镇压的人。三任丈夫与她生活在一起的时候，都是这样的人，离婚之后都变成了正常人；我和她一起的时候，也是这样的人，离开她之后，我成了一个“慈父”——咨客们对我的评价。

惹怒成年子女也有诀窍，我们将在“痛点”一节详细说明。

很多孩子也学会了惹怒父母的技术，为了获得关注——其实也是一种操纵，他们学会了逃课、打架、滥交，把自己搞得一团糟。越是让父母生气，就越能满足他们的需要。潜台词是：“我一激动、一自残、一失败，世界就会动起来。只有我酗酒、失业、大手大脚、经常生病、食欲不振、常年便秘、抑郁想死，爸妈就会关注或针对（针对也是一种关注）我。”

我妈不喜欢我朋友，但每次他来家里我妈都表现得非常热情，嘘寒问暖，他一走她就一下变个人，冷若冰霜。

——洪涛

偷窃犯和诈骗犯瞧不起抢劫的，因为抢劫没有技术含量，技术产生额外的快感。心机未被发现，瞒过了对方，瞒过了宇宙——这就是技术。诬告、污蔑、陷害、欺骗的快感，在受害者云里雾里的时候达到顶点。对方有苦难言，那感觉才爽。没有技术的才抢钱，高明的骗子则闷头设计，这才开心。智慧的所罗门也在3000年前的《箴言》中说：“以虚谎而得的食物，人觉甘甜。”看来“欺骗性快感”从古至今一直没有变过。

我：她说什么了？

宁宁：她说我一句实话都没有。

我：实际上呢？

宁宁：实际上是她总是在撒谎。

我：比如？

宁宁：她跟全世界说我是清华毕业的。

我：实际上呢？

宁宁：我只是在那里进修过。

我：哦。

宁宁：那让我觉得自己活得很假。我觉得自己挺好的，却不得不生活在虚构的世界里……她好像喜欢骗到整个世界的感觉。

感觉很有道理、自己也深信不疑的谎言，是让人开心的东西，就像有道行，变化出来一个世界一样。

行者笑道：“师父，你哪里认得！老孙在水帘洞里做妖魔时，若想人肉吃，便是这等。或变金银，或变庄台，或变醉人，或变女色。”

——《西游记》第二十七回：尸魔三戏唐三藏，圣僧恨逐美猴王

在腾云年轻时追过一个女孩，当时爱得死去活来，感觉受伤不轻。他把自己扮演成一个情感上的好人和受害者，自己深信不疑，实际上一切都怪他自己。

腾云（疗愈后）：但是我那股子混劲儿……谁对我好，我跟谁干。她来找我，说，不如等咱俩毕业了……我说：你滚出去给我。然后，就没有然后了。我那时候是折磨人，也折磨自己。

别人示好，你拒绝，那个感觉真的很好。你爱的人爱你，你拒绝，那个感觉就更棒。拒绝一个美好的人，就能衬托出你的强大和美好。越是美好的东西，拒绝起来越爽，带劲。拒绝美好的东西，能衬托出病态的高贵。正常人不需要这种有害的快感，这是病。

拒绝的快感，让人的自我瞬间爆棚，仿佛整个世界都臣服在你的脚下。拒绝一个美好的人，就仿佛你已经把这种美好比下去了，所以你是更加美好的。高冷是一种病。

爱怨相生

戴安娜：我妈在外人眼里简直就是当妈的典范，一个和蔼的老太太。可谁也不知道她到底是怎么对我的。

小顺是做生意的，脸上一直带着天然的笑意，对我也客客气气，可他瞅向儿子的瞬间，我用眼睛的余光都看到了他眼里的不满和蔑视，脸一下拉得老长。

“无仇不成父子，无怨不成夫妻”，“无仇不聚，无怨不来”，仿佛自古以来，家人之间就有深仇大恨，爱和折磨如影随形。但是，家人

之间，什么仇什么怨，需要折磨？

第一，至亲之间是可以互相替代的。心里的洞或伤都是亲人造成的，所以只能由亲人来填充。他们共同的特点是我们爱他们，他们相似。被亲人勒索后，我们就会转向另外的亲人。

我母亲恨透了我父亲，每次她说“你那三角眼跟你那王八蛋爹简直一模一样”时，我心里打了一个冷战，我知道她又把我当他来恨了。

在被父亲、表哥、丈夫抛弃之后，其实不难理解为什么天阳的母亲会将天阳作为理想的勒索对象了。

每次跟她聊天，她都从丈夫开始，仿佛又变成了那个 26 岁的怨妇，那是她整个灵魂的底色和起点。她不是一个母亲的角色，而是一个受害者，她永远生活在了那个年龄。她要表达的信息很明确，只是她自己不知道：她想通过天阳这个亲人，象征性地夺回 26 岁时失去的一切。天阳同时象征着丈夫。作为儿子，她自然疼爱他；而作为丈夫，她在对他象征性地报复。

第二，我们最容易与至亲发生“等同”（identification），也就是把他们当作自己，只有至亲才能替我们承担本属于自己的创伤。

任何一点儿风吹草动都会激活天阳妈整体的糟糕感觉，她在体验过去一切伤害叠加起来的情绪。她感受到某个人在痛苦，但不愿意相信那是自己，所以她得出的结论是：“那不应该是我。”

如果那不是她，那是谁呢？她那么可爱，又那么害怕，那她是谁呢？放眼四顾，终于找到了一个可爱又弱小的人。“一定是他！”她把那份恐惧外化到他身上，因为他可爱。

要把受到伤害的自己投射出来，就必须找到一个能代替自己的人，这个人不可能是陌生人，只能是“己出”的孩子和“另一半”，只有这些人才能成为投射的载体。

天阳的母亲不想承认自己是被抛弃的、恐惧的、羞耻的，但自己的确是被抛弃的、恐惧的、羞耻的，唯一可以用来掩盖这件事的，就是让天阳感到被抛弃、恐惧和羞耻。这样，她的痛苦就转移给了他，他代替了她去痛苦。

腾云：折磨是我们赋予家人的特权。

只有我们爱上的人，才会被我们千方百计地勒索；我们只有爱上别人，才能被其勒索。

另外，她把自己悲伤的一生归咎于他人，把人生的失败归结为女性地位的低下，所以对男性还有天然的憎恨感，所以在天阳面前，她还是一个斗士，向男人宣战：她要征服男人，而把作为天阳的男人征服，就能证明自己比男人强。从天阳出生那天起，她就既爱又恨他，她需要羞辱和贬低一个男性。

巨婴

你如寒冬的炉火般温暖，

亦如山间的小溪般清澈，

有时你又是一把刺中我胸口的利剑，

触及深埋心底的伤痛……

或许你是神仙，

就这么轻易把我看穿，

我泪流满面，我重拾伤感，

我心怀感动，亦得平静安然。

小静的情感出现了危机，她总是试探丈夫的底线，一遍遍地明示或暗示信息：她要离开他了。一直都没事儿，她也很享受丈夫对自己的宽容，但这次真的出了问题。治疗中，她给我写了这首诗。但你猜怎么着，这首诗的名字叫《他真如一个慈父一般的人》。

小静：我一直觉得他很好，我太坏。他只是怕我会离开他，但其实我从来没有想过真离开他。

我：那么，为什么不能做你认为对的事？

小静：很想跟在他身后，嬉笑怒骂，做自己想做的，然后让他看着我。我就想找个容我放肆的人。

我：我理解你的放肆。

小静：嗯，让我好好地放肆放肆。对，（他）能笑着欣赏我的放肆。

我：我也想。

小静：我烦了、恼了、累了、心里空了，能找他放肆，打心眼里会愿意。

我：有时我感觉，你挺任性的……

小静：不理解？不理解拉倒，姑奶奶我不干了！老娘我就这样，想哭就哭，想笑就笑。不任性的女人，有什么可爱的？女人的任性正是男人的伟大之所在。我们任性一点儿，他们才能有强大的感觉嘛。女人不任性，男人一定没本事……

我：我理解。我是说，那不是女儿的感觉吗？我想说一句不中听的话，你爱听吗，宝贝？作为一个丈夫，而不是父亲，他也许尚算一个不错的选择。丈夫是有责任哄你开心，但也许是你还没有从某种束缚当中解放出来，所以，向丈夫索要和他的身份不相称的任性。这是勒索。

小静：嗯，这次是有点儿过分了，下次再也不犯了。

我：你忍不住吧？

小静：忍不住也得忍住啊。

我：你有某种需要，老公满足不了。你是觉得自己坏，还是隐约对他有一点怨？

小静：要说起来，是有那么一点点，他给不了我想要的那种爱。

小静想要的那种放肆，那种被宠上天的感觉，世界上只有“慈父”能给，“你所有的需要我都懂，你每份任性我都疼”。小静的一生太残缺了。母亲得癌症去世了，她和弟弟跟着爸爸过。爸爸被车撞死了，后来弟弟又让车撞死了，她就嫁人了，生了一个女儿。还没尝过做女儿的甜蜜，就已经被套上了做母亲和妻子的责任。

父母是我们精神上的故乡，如果精神上没有故乡，就需要找到第二个故乡。所以，小莎要把老公改造成第二个故乡。这本来无可厚非，慈父也许会允许你出轨，但被套上慈父角色的丈夫呢？

在精神上找到第二个故乡，有时候是需要收钱的，因为第二种人就是心理治疗师，他们会对你无限地包容。这要有技术，而且这个行业有自己的限制，治疗师有三大不治：家人朋友不治，治不好，因为他老想治你；不给钱的不治，契约没建立，咨询会疼，咨客会跑；智力有问题的不治，因为他听不懂你说什么。即使是治疗师，也不会给没建立契约的亲戚朋友咨询，花比别人多十倍的时间和精力，也收不到别人十分之一的效果。在这两大障碍面前——没交钱、是家人——如何期待老公变成一个慈父呢？

我（角色扮演中，我作为父亲）：你需要我，因为我是你曾经的寄托，也因为你是我的寄托。你的爱和恨如滔滔江水，诉说不尽。

小静：我从你那里得到的大多都是痛，痛得在梦里都不敢泣不成声，所以在我醒来的时候就会告诉自己，这个世界并不爱我。

我：所以，我们学会了不让人知道自己的柔情，因为那是我们最脆弱的地方，我们怕别人知道。

小静：我没有伤痛。

我：我爱你的时候，最大的错误，就是没让你感受和知道。

小静：现在说这些已经太晚了。

……

我：我爱你，宝贝，我走了。

小静：爸爸再抱我一次。

自我中心

戴安娜：如果今天她（母亲）想吃桃子，你买了杏，她就会很不高兴。

我：她的意志不可违背。她是你们这个双人宇宙中的神。

在权力、地位上拉开重大差距，是情感勒索的一个侧面。任何勒索者都不会承认自己是一个以自我为中心的人，因为他们认定自己就应该是“宇宙”的主宰。

按照罗杰斯的“现象场”理论，没人生活在这个肉眼可见的世界里，我们都活在自己创造的那个世界里，那个世界比真实的世界更加真实、生动、逼真。勒索者会画出一个小小的天地，设定这里的真相，设置这里的规则，安排自己和诸人的位置。这个小世界并不接受　来自大世界的信息，不会纠正自己的体系，所以这里就很僵硬。

当一个人创造了一个宇宙，宇宙因他的思想而存在，其他人的意志都不存在……灾难就不可避免了，这个宇宙里一定民不聊生，总会有压抑的情绪无法排解。

这个宇宙会很小，都是至亲，一般也就几个人。

为了把我固定在她创造的宇宙里，母亲把我架空了。她割裂了我和其他家人的关系，限制我交朋友的行为。

母亲：不要跟你奶奶说话，知道吗？

我：为什么？

母亲：你想让我伤心死吗？

我：哦。

我接受了她描述的那个外部世界：奶奶是个挑拨是非的人，姑姑是个事儿妈，姑父最没良心，大伯是个窝囊废整天被存心不良的伯母控制；舅舅们瞧不起我们家，姨母们全都是看在她的面子上才跟我说话……在她设置的宇宙里，只有我那个脾气极其暴躁的爷爷算是个好人，但他已经死了。所有跟她好，也就是跟我能好好相处的都是她的朋友们——那些我连名字都记不住的叔叔阿姨。

我和真实的世界隔离了。我一接触真实的世界，她就会变得很恐怖。母亲完全占有了我，她认为我分给任何他人的关爱或交往都是我的背叛、对她的侵害和剥夺。慢慢地我就形成了条件反射，我怕接触这个世界，世界令我恐慌。一个双人宇宙形成了。

我：我好难过。

母亲：难道我就不难过吗？你跟她说话，你知道妈妈心里多么难受吗？

爱上母亲之外的任何人，母亲都会翻江倒海，让我的每个细胞都记住：与其他任何人产生连接或感情，都是危险的、可怕的。所以我害怕世界，嘲弄爱情。我和所有其他人保持距离，我戏谑爱上我的人，“不如利用她一下，看她能坚持多久”，让她们知难而退，免得让我身不由己。

我家一直很穷，总是负债，母亲很节俭。我上学时欠了几千块。我第一次拿到工资，大概5000块，兴致勃勃地跑回家向母亲报喜。我把所有的钱都摊在床上，等她回来告诉她：“妈，我挣钱了，以后咱不用再过穷日子了！”她很开心，但我似乎感觉到了一丝不易察觉的焦虑。然后她把钱迅速花光了，从此花钱的速度突飞猛进。所以我们一直负债，而且我赚得越多，我们欠得越多。

我一直没有想明白：她节俭的美德消失得好快，而且完全没有任何可解释的理由。后来，我拿回家的钱让她目瞪口呆，但钱永远都不够花。

后来我终于明白了，她的宇宙里有一个基本设置：“神”是忍辱负重的“神”。她需要承担整个宇宙的重量，小宇宙里的苦难是她成“神”的基础。在她的模式里，只有苦难才能证明自己伟大，她只熟悉那种模式，熟悉让她感到安全。所以只要她是“神”，宇宙就必须是苦难的。假如宇宙没有了苦难，就没有了忍辱负重的“神”。这是“神”所不能容忍的。

在我们家的小宇宙里，“神”说：要贫穷。于是就有了贫穷，“神”看着贫穷是好的。

人造世界有自己的规则，这个规则就是没有规则，勒索者的意志就是规则。这里只有他们的思想，“神”的思想就是真理。他们觉得：我是“神”，我无所不能，我一动念头，世界就该按照我的意愿运转，否则，我就会有雷霆之怒，恨不得毁了世界，或者毁了我自己。

戴安娜：不行啊，那是咱家的规定啊。

母亲：少废话！有规定也是我规定的！

在正常的亲密关系中，双方会正视矛盾话题，彼此尊重对方的想法和感受，并承担自己的那部分责任。但人神关系不同，神会无视和人的矛盾，无视对方的意志和最基本的需要，只坚持自己在品德、动机等一切名词上都高人一等，对方的思想永远都是错的，对方的意志是不存在的。

我的母亲离过三次婚，她坚信我某个父亲有精神问题，应该吃药。我拿了心理治疗师证和专业的医学杂志给她看，她认为前者是我伪造的——“这样的本本儿，一百块钱可以办仨”，后者是我编造的——“你不是作家吗？谁知道那是不是你写的”。她不信，她不听，她不看，她认为凡是我说的都不值得相信。宇宙的真相就是：父亲是精神病，他需要吃药。

在宗教设置里，上帝的确是无所不能的，除了一件事：他无法改变人的意志，他允许人做出所有自由的选择，即使那是错的。所以，人造的人神关系貌似很不合理，是对真正的人神关系的一种拙劣的模仿。在《冒牌天神》中，金·凯瑞代替休假的上帝打理世间的一切事，他擦掉乌云、点缀天空，拉近月亮和地球的距离……但他有一件事做不到，就是命令女朋友“Love me”（爱我）。

这个人创的魔幻世界很像是地狱。传说中，有种东西叫枉死，阳寿未尽的鬼魂一律地收入枉死城受苦。枉死城就像阳间关押罪犯的监狱，亡魂的人身自由会受到严格管控，在七月鬼门开时，也不能离开牢狱，无法像其他鬼魂一样到阳间去接受布施。

我不理解：为什么横死、冤死的还要下地狱，而且还要关在地狱中的监狱里。无辜者为什么要再加上酷刑？原来传说都是比喻。比如寒冰地狱：有些人冻手冻脚，面色苍白，怕和人接触。比如孤独地狱：有些人在人群中也感到孤独，笑容都是寂寞的，面对面都感受不到彼此的存在，互相拥抱着也咫尺天涯。各种各样的地狱都是比喻。人不必死也可以被关进各种各样的地狱中去。灵魂去了另一个世界，但我们的尸体还是热乎的，还会走。地狱不在固定的坐标上，我们的地狱跟着我们走，地狱长了脚。

枉死城还有个设置：这里的鬼魂处于某种半死亡的状态，亡魂能够像阳世之人一样生活。这跟情感勒索的情况何其相似，被勒索者永远处于精神亚健康状态。“让我舒服不是应该的吗？你又不会死！”这是勒索者的心声。的确，家人不会想让我们真的死，但忍受着精神束缚和折磨的人们却处于半死半活的状态，或四分之一死亡、十分之一死亡的状态。

迷信的说法里，地狱里有个设置：阎王幻化男女，日做王，夜为鬼，受尽折磨。传说中的地狱之主，其实很苦。这和勒索者何其相似！勒索者大喊一声：“我是痛苦的！”对的。勒索者都是曾经的受害者，他们苦，他们委屈，他们是“有故事的人”。某些情绪强烈的记忆片段在他们脑海里无休无止地一遍遍循环播放，不断闪现，一瞬间就能播放十万遍，在不知不觉中就完成了。天阳妈随时随地都在闪回到天阳爸给她带来的伤害。

我：您实在太需要天阳了，所以您把他搞成了这样。

天阳的母亲：跟我有什么关系？

我：生活里出现的问题，都是灵魂上有伤；既然有伤，那就有凶手。凶手是谁？

天阳的母亲：是他爸，那个混蛋……（此处省略一万字）

迷信的说法里，地狱里有火烧的痛苦，这种痛苦是最真实的痛苦，唯一真实的痛苦。鬼王有很多负能量需要转移和消散，但有一半时间是很舒服的，因为所有的委屈，都可以从小鬼身上找补回来。地狱里要有折磨，转移痛苦。鬼王要把整个世界带给他们的伤害，由小鬼来偿还。

戴安娜：就是仿佛整个世界都一直在伤害她。人人都不是好东西。

我：然后她让你来承担一切。

戴安娜：你说得非常对。

我：我们承担不了整个世界给他们带来的伤害。世界伤害了他们，所以需要由我们来承担他们受到的伤害。这个逻辑不对。而且，整个世界的重量，太重了。

戴安娜：是啊。

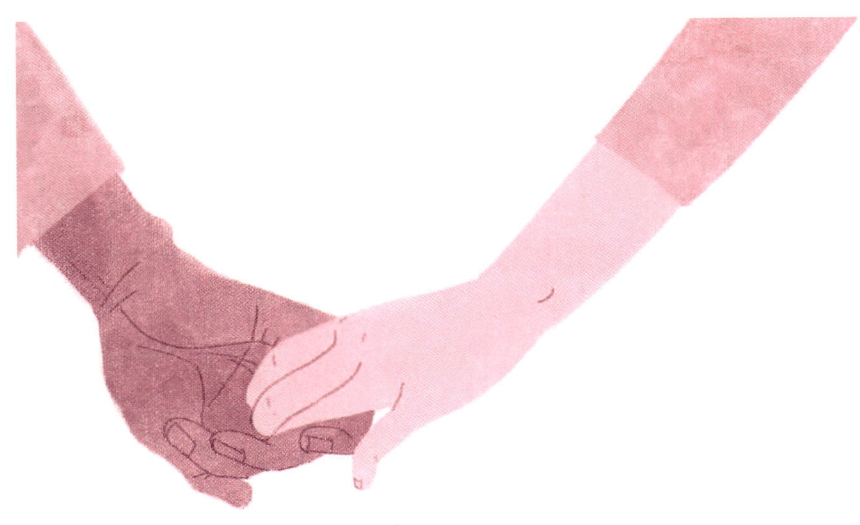

操纵住了某些亲人，勒索者就感觉赢了全世界。他们学会了牢牢地黏住或者控制住那些比他们更弱的至亲——配偶、子女。这样，孤独地狱中就貌似不再孤独。只要有人被拉进来，他就不再是孤独的一个人，不是无力的、无能的、身心脱离的，因为有另一个人，另一个和自己最亲近的人，被拉了进来。这就证明他并不孤单，他甚至有了一个热热闹闹的“地狱”。他是一个有权力的“鬼”。

我们都不是高于天、低于地面的，我们在精神维度上有自己的相对大小。鬼王知道这件事，所以要在自创的幻境中称王，这里就不能出现强大的力量。他们会去攻击和弱化小鬼，无法被弱化、不受掌控的人是不受欢迎的。

母亲小心翼翼地维持着那个幻境的运行，但一时的喧嚣和掌控，遮挡不住崩塌的既视感。她的世界永远都处在崩塌的边缘。三任丈夫都离开了她，我第一次带女朋友回家，她说：“我老感觉，你在你妈面前就是特别孝顺的那种。在你们家有一种被排斥的感觉，特别羡慕你们之间的那种情感。”母亲不允许我们的生活中出现一个不受她掌控的人。

任何强大都值得恐慌，比如我的成长。三任丈夫都离开了，她现在唯一能够掌控的，剧本中唯一可能不失控的人物，就是我。但我的成长不是她计算在内的，是她始料未及的，她的整个宇宙面临极大的危险，不可避免地日益失控，所以她的攻击也与日俱增。

母亲对我的压制日益升级，防护自己最后一点儿空间。她怕我从一个男孩变成一个男人，从而就像从前的那些重要他人一样，超越她、不受她掌控。我是她最后一根稻草，失去了我，她就失去了整个世界，她就会从神坛完全跌落。所以面对我的成长，越来越强大，她的恐慌也与日俱增。

操纵欲强就是失控感强。如果孩子或配偶不按照自己想象中的样子进行，就会恐惧，而且这种恐惧不是一般的恐惧，而是被无限放大了的恐惧。比如我该穿球鞋还是运动鞋这个问题。如果母亲设定了球鞋，那么，就应该是球鞋。所以，我坚持穿运动鞋就是挑衅。后来，在出门前，我发现运动鞋上“不小心”撒满了菜汤。

母亲在自己的宇宙里，受不了任何挫折。整个宇宙都在按照她的思想运转，任何不符合自己思想的事情都是错的，任何小事都会成为挑起第三次世界大战的由头。

因为她的失控感太强烈了，强烈到任何的紊乱都代表整个世界的毁灭。这个宇宙发生任何紊乱，对她来说就是全面失控，就像一面镜子一样，容不得半点儿磕碰，裂开一点儿就是整面镜子坏掉了。失去控制的不是眼下这件小事，它只是一个象征，象征整个世界的支离破碎。她所恐慌的所有灾难已经兵临城下，近在咫尺，挥之不去。只要我穿上了运动鞋，整个世界就会崩塌。

痛点

控制狂在束缚我们，这是我们都知道的事实，但为什么我们双方都不能去面对真相，捅破这层窗户纸？我们共同维持的谎言，一定有它的道理。

我们都有自己的弱点。我们都对某些东西敏感。我们努力压抑这些敏感的弱点，使其绝不浮出水面。敏感点里面的情绪很重，存放着我们压抑着的心事和恐惧。

真正的贼特别讨厌别人说自己是贼，失足妇女最讨厌听到“鸡”这个词，我们总有特别讨厌别人说的话，比如“他胆子特别小”“书呆子”“学傻了”“你还是孩子啊”……还有一些非语言性的信息也可能让我们害怕，我们会害怕家人冷漠的背、唉声叹气或复杂的眼神。其实任何东西都可

能成为我们的痛点，如果你在乎孩子，孩子就是你的鼻环；如果你经济不独立，金钱就可以要挟你；如果你胆小怕事，对他人或自己的情绪波动十分敏感，愤怒和眼泪就一定能操纵你；还有些妻子会心里念叨“不听话别想睡老娘”……

当这些语言或非语言的信息出现的时候，我们就慌了，我们受不了：“我爸一瞪眼我就受不了”“我受不了良心的责备”“我受不了别人的眼神”“我受不了女朋友的哭闹”“我受不了朋友说那种话”……这就是我们的痛点。

面对痛点，我们的恐慌反应常常超过我们自己的理解能力。对这些痛点做出反应，几乎是自动化的程序。我们不知道自己在这样做，意识到了也禁不住。

勒索者了解我们的痛点，不用过脑子都能知道，他们比我们更懂我们。痛点被触动的时候，我们会有过度的反应，这会被勒索者精确地捕捉到。熟悉的人们之间那种与生俱来的共情能力是不可思议的，摸到对方的神经似乎是一种本能，察言观色是不用学的一种本领。长久的相处让我们彼此了解，我们潜意识里知道彼此到底最讨厌什么。弱点十分明显地暴露在施害者面前。他们一目了然。新朋友之间，也能通过一次次试探——你在什么条件下会焦虑、屈服——摸到你那根弦。他们会测试我们的反应，并重复测试，反正折磨人又不犯法。

我有个同桌叫张贺，他很讨厌我，因为我无意间摸到了他的痛点之后开始利用这个痛点取乐。他告诉我他不喜欢我那么做，我却乐此不疲。我突然感觉自己凌驾于张贺之上，可以折磨他，这种感觉太好了。

张贺：你能不能别说“烟花”这个词？

我：为什么？

张贺：我总觉得是某种亵渎。

我：我偏说：烟花、烟花、烟花……

说句话就能惹他烦躁，这是破坏的快感，能展现我的强大和有力。就像小孩子喜欢随便摔东西惹大人生气又没办法一样，一方异常的反应会让另一方感觉很爽，当你道歉、吓坏、屈服、烦躁、无法坚持自我，都能让勒索者心里很爽。我只有爽劲儿，没有自罪感，毕竟他没有受到物理上的伤害，折磨人并不犯法。

勒索者掌控着我们的把柄，我们就像戴上了鼻环的牛，只要不服从立刻就疼。一动你某个地方你就会有反应，他们就知道如何拉动你的鼻环；勒索者学这个是不用教的，不自觉的。他们知道我们面对什么会烦躁又无法反抗。

当两个人都掌握了彼此的痛点，就会变成互相勒索，他们会互相较量到底谁更能忍痛，从而导致两败俱伤。

有一种我们最在乎的东西最能触动我们的痛点，家人们掌控着一种资源——认可和陪伴。家人本身是一种稀缺资源。家人的冷漠是我们最大的痛点。我们不敢告诉他们：我们需要他们，我们需要他们的肯定。我们怕显示出弱点，我们只是想要对方对我们好，陪伴我们。我们在乎他们最微小的善意举动。但我们不敢说，因为那是我们的痛点。

小静：我就是憋得太难受了。

我：想想他（丈夫）的坏处吧，就想他不值得拥有你如此单纯的感情。

小静：不管用。我有时候也在劝自己，他就是个乌龟王八蛋。不管用。

我：哦？

小静：我不是这么重感情的人啊。他到底哪儿让我放不下啊？都这么久了。我没有一天不想他的，我也不怕你笑话，这可能是老天给我安排的一个劫难。

我的痛点就是孤单。只要母亲一消失，我就会觉得被整个世界抛弃了，心里空落落的。这种恐惧几乎长在了我的肉里。她也学会了捏住这一点。一想到那种被撕裂的痛苦，我就主动服从。与其失去她，又难过又害怕，倒不如失去我自己，这仿佛更能忍受一点，虽然服从让我感觉自己很弱，但有她在，生活就能正常过下去。我需要她，她一离开，我就痛苦，她一沉默，我就害怕，这让她感受到了自己的价值和强大。我的鼻环就是她。她知道这一点，我也知道。

另外，只要她一说到"我们家孩子学傻了"，我就会很躁动。我不喜欢这种评价。她一说这话我就会有过度反应，所以她很快就发现这句话也能操纵我。她掌控了我的痛点，那句话就像一个快捷键，会瞬间让我烦躁而无计可施。她不过大脑也知道。

我的痛点捏在她手里，她知道怎么惩罚我，我只能委曲求全。我并非选择投降，而是根本没有胜算。

受虐的诱惑

大部分家人勒索者都不是真正的恶棍，他们只是有自己的心理问题，他们和反社会人格患者（psychopath，或译冷血症，俗称“流氓”）不同。家庭中的情感勒索，初衷往往是好的，他们并不是要故意伤害我们。但某些朋友则可能工于心计、心怀恶意，或者不知道自己是个坏人。

没有人会把“坏人”这两个字写在脸上。相反，坏人有天然的魅力和亲和力，这是毋庸置疑的。坏人总有一些了不起或让人同情的地方，且总有一些表面的才华，还常相貌堂堂。传说中有种“讹兽”，从不说真话，你觉得它应该长得什么样？它仪态优美，举手投足间灵气四散，灵气中充满善意，人和动物都爱聚在它身旁。

和珅共有九大中外美女做老婆，其中，吴卿怜是名动江南的苏州才女，豆蔻是扬州盐商汪如龙精心训教的美女之一，是专门进献给和珅的贡品。吴卿怜、豆蔻面对被人用来买官的命运，面对一个好色之徒、贪官，和珅死的时候，她们却悲痛异常，赋七律二首悼念亡夫（“白练一条君自了，愁肠万缕妾何如”“自古桃花怜命薄”“一缕青丝坠玉楼”），双双殉情了。

本篇“歪理邪说”真的很令人搓火，因为我们要说的是受害者的毛病特别多。的确，把炮口对准对方阵营，比承认自家卧着“余则成”让人感觉舒服得多，毕竟我们是无辜的。但为了认清真相，我们必须转移视线，看到底发生了什么，让我们喜欢做受害者。

被勒索者的位置是充满诱惑的。我们知道至亲在控制或攻击自己，但我们选择否认这个事实。我们有自己的需要。

我们需要被关注，勒索者挖个坑，我们就往里跳，因为我们缺乏这种最重要的东西。如果我们感到了折磨，那就说明我们没有被抗拒或冷漠地抛弃，我们被关注着。虽然被束缚是不舒服的，但被关注似乎能够弥补，所以我们选择不放弃这个位置。比起没人理，被束缚似乎更具诱惑力。

戴安娜：我更不愿意承认，我其实也离不开她（母亲）。

我：对啊，我们离不开他们。

戴安娜：所以我编了各种理由，说她离不开我。

我：比如？

戴安娜：她年纪大了。

我的情感世界很荒凉，除了母亲之外，我的情感世界里没有别人。唯一能给我关爱的就是我的母亲。比起被世界视为不存在，我觉得被母亲发泄更舒服一些。而且我会反抗她，以获得更多的关注；我越不服从，她越火，关注我的时间就越长。

亚文家的女儿和李昆家的儿子都是不到十岁的小孩子，他们俩在教堂里遇到了。小女孩不喜欢和小男孩玩儿。小男孩揪了小女孩的衣服一下，小女孩气了："你是不是有病！"小男孩又揪了一下，小女孩重复这句话。这个互动持续了三四次之后，被家长们制止了。

我在想，为什么李昆家的儿子会这么喜欢被骂呢？没人理他，没人和他玩，比起被人无视，被人骂似乎是一个更好的选择吧，最起码这个世界知道他的存在。

从某种角度来讲，我对母亲的情感虐待上瘾。而且，母亲并非一直在折磨我，她有奖励措施。她晴光乍现的微笑，会让我感到小阳春瞬间降临。她的微笑是对我最大的奖励。我上瘾，我对她本人上瘾。我需要她的微笑和认同来确认我的存在，她需要我的讨好来确认她自己的价值，在勒索－被勒索的过程中，我们双方都得到了自己想要的东西。

不能直面的真相

我：（你）姐姐的问题（因肺癌病逝），明确地说，从我的角度来讲，妈妈是根本的原因。

戴安娜：唉，是啊。可是我不愿意承认，这是个悲剧。

我：我能理解。

戴安娜：我只愿意找别的原因，比如她工作的地方下面就是放射科，或许有辐射。

戴安娜的姐姐因为肺癌去世了，这是一件令人费解的事情。他们家谁都不吸烟，就算得癌症也不应该是这个部位。

我试图说服戴安娜：是母亲的勒索让姐姐的生命早早枯萎了，是什么病其实并不重要。令我吃惊的是，其实她自己早就想到了这一层，只是她从不愿意接受这个想法。那是她无法接受的事实。

有些真相会让我们崩溃。我们会否认让人崩溃的真相，即使我们知道真相。即使我们知道父母习惯了攻击或控制我们，恋人似乎太过强势或者假装弱势，漠视、不尊重我们，孩子似乎很擅长挑拨我们和配偶的关系，最好的闺蜜似乎总是打着友谊的名义骚扰我们的正常生活……我们也不愿意面对真相，因为那个真相太过残忍。谁愿意相信自己的至亲在伤害自己？否认真相，才能让自己不那么痛苦。

我：你让你爸妈压住了。

王刚：我是孝顺。

我们不愿意面对，假装没有问题，因为我们怕失去他们。他们在控制我们甚至虐待我们，但他们是我们的亲人。人最不能失去的就是亲人，我们需要和他们保持连接才能够觉得自己是完整、真实存在的人。为了不失去他们，我们拒绝正视自己真实的感受和残酷的真相。

我们不愿意毁坏这些控制我们的人在我们心里的正面形象。我们不能相信他们和我们隔得很远。被家人伤害，我们也舍不得失去他们。

我们选择不直视真相，不是因为我们傻了或者脑子坏了，而是因为这会让我们感到最舒适。在失去亲人和扭曲真相之间，我们必须选一个；两害相权取其轻，我们选择后者。那是“家教严格”不是“撒火”，那是“孝顺”不是“被压制”，折磨就是爱，不带折磨的爱不是爱……虽然我们生活在折磨里，但比起失去他们来说则容易忍受得多。真相太危险了，所以不如就按照双方都能接受的事实进行下去吧……

而且，认清了真相有用吗？没用！我们能够在家庭中伸张正义吗？不能！

对于我来说，我是无法阻止父母对我进行“精神鞭策”的。我感觉他们总在找我撒气，但我又能怎么办？父亲比我高大，他比我有权力；母亲在我面前，口才不亚于专业律师。后来母亲崩溃了，向我解释说“我就是想在你身上耍一耍”。但假如她没有崩溃，我们俩之间的地位是不可能改善的。

被母亲无理攻击却无力保护自己，那就说明我是弱小的，是卑微的，是无能的。这个真相太残忍了。所以我只能让自己相信：妈妈那样对待我，完全是对的；折磨是亲情之间唯一正确的打开方式。

美国顶级精神病学专家、心理医生郭世顿遇到过一个在9岁时被13岁的哥哥性侵的女孩，现在她三十多岁了。

特莎告诉我，她一开始不敢告诉爸妈，哥哥侵犯了她。父母很宠这个哥哥，因为他是体育明星，不知道说了之后他们会有什么反应，她很害怕。最后，她实在受不了了，就说了。但父母听她说完后，她的眼泪更止不住了。

父母告诉她：那都是她胡思乱想出来的，只是因为她嫉妒哥哥比她更受欢迎。他们质问她：你怎么能编造如此恶毒的中伤？（后来真相暴露了，他哥哥在中学强奸了一个同学。）

侵犯发生的时候，特莎的第一感觉是“我哥哥在摸我，但他不应该这么做”。但他威胁她，她很害怕，所以只能按照他的命令去做。但是无意识中，她感到自己是一个坏女孩，很脏、很恶心，因为她按照他的话去做了。她哭诉哥哥的暴行时，父母的严厉反应，则确认了她心里的这种想法。

特莎感到自己很脏，让人恶心，这导致她在学校里和男孩们滥交。这给她带来了一个名声，就是班里的烂货。她慢慢有了一种错觉，相信自己能够控制这些男孩（以一种她无法控制哥哥的方式），自己是很厉害的。而且，她的滥交让她拥有了一种报复父母的方式：怎么就不相信我的话呢？实际上她想说的是：“你想看我到底多脏？我就脏给你们看！”

特莎相信，自己不值得被爱，不值得被喜欢，甚至不值得相信，她只有性方面值得利用。但她不在乎，因为她憎恨这个世界。她的信念让她对每个人默默地说：“你伤害不了我，因为我不在乎，我会告诉你我有多么不在乎。”③

哥哥恶意伤害过她，这本身就够让人难过的了，认清这件事本身就需要勇气，没有人愿意直面自己的伤口。但当她说出来，整个宇宙都开始向她施压。创伤本身是痛苦的，面对真相就更痛苦，向自己最在意的人说出真相就更痛苦，而家人都说你疯了、错了，这痛苦就达到了顶点。

捷径就是篡改自己的真实感受。逻辑其实很好编造：“如果整个宇宙都认为我错了，那么，我怎么可能是对的呢？如果是我想象出来的，那我就是个精神病；如果是我捏造了事实，那么我就是烂货。与其做个精神病，还不如做个烂货。好吧，原来我是个烂货。” 我们往往会通过扭曲自己的

③《别让神经病把你逼疯了》，中国商业出版社。

记忆和判断能力来维持心理平衡，因为失衡是我们所承担不起的。

这样，通过自我怀疑和扭曲感受，一切都恢复了平衡：哥哥没有跟自己发生关系，自己没有被最亲近的人伤害，自己也不害怕，自己还拥有家人，并没有被他们抛弃……为了恢复世界的平衡，我们必须保守这个秘密，而为了保守这个秘密，最好的武器就是扭曲自己的感受和逻辑。完美。

自我扭曲带来的结果是显而易见的：生病，不管是生活上、精神上还是生理上的。腾云曾经一度认为，折磨才是爱情（情感的一种）正确的打开方式，所以他折磨任何爱上他的人，他的梦中情人主动示好的时候也被他一口回绝。对于特莎来说，就是害怕安全。

但是，时过境迁，她来看我的时候已经三十多岁了。她遇到并嫁给了一个真正爱她的男人，并不利用她。但是因为这种自我摧毁的信念，她不得安宁，无法享受与他的性爱，这让两人都感到很受挫。

特莎把故事告诉了我，她开始意识到，她并不害怕丈夫会强奸自己，相反，她害怕的是：丈夫真正接受和爱自己，因为那就意味着她是安全的。她怕一旦自己终于感到安全了，一生的剧痛，那种感到不安全的剧痛就会让她不再是自己。我告诉她说，她只是“害怕感到安全”。这句话让她几乎哭晕了。

在我们的治疗中，我帮助特莎思考过去的创伤，将其视为必须排出来的脓。她意识到安全就像一把刀，不是伤害她的一把刀，而是可以让她排掉体内的痛的一把刀。当她允许这件事情发生，她开始从内而外地恢复了。

忍让的帮凶

家人之间的勒索关系已经建立得非常牢固，很难辨认形成之初是什么样子的。朋友、恋人和新婚夫妇之间发生的勒索尚处于萌芽阶段，分解起来比较简单。

德龙：他是我七八年没见的朋友了，热火朝天地聊了一顿后，他说："哥，最近碰到点儿事儿，借我 1000 块吧。"

我：是不是有点儿唐突？十来年第一次见面就……后来呢？

德龙：我说手头紧没同意。

我：然后呢？

德龙：第二周，同样的要求，换了理由。我不想借。他怨气开始发作："咱俩都认识十多年了，我这人你还信不过吗？""我早就知道这个世界上没有值得信赖的朋友！""你不是信基督教的吗？陌生人都帮，咱俩还算不算朋友？""这样，一个月后我还给你双倍！""你就眼睁睁地看着兄弟我流落街头吗？"

我：后来呢？

德龙：后来我实在受不了了，只能借给他，反正，朋友嘛。

我：后来呢？

德龙：后来我觉得吧，他也不容易不是，我感觉自己挺仗义的，能急人之所急。

萌芽状态的勒索，是家人之间勒索的延长版，它步步向前。从这个故事中我们可以看到，勒索的建立过程分为以下步骤。

第一，勒索者明示或暗示一个要求，我们拒绝。德龙不想借钱给朋友。朋友之间最好不要走钱，不然很容易做不成朋友。

第二，勒索者压力升级，我们纠结。我们的负面情绪越来越重：紧张、良心受到了谴责，甚至恐慌。

施害者的意志坚定，他们已经单方面做了决定，无论如何都要得逞。他们很激动，用指责、威胁、戴高帽、许愿等策略，用带着强烈情绪的言辞和方式包装一个貌似合理的要求。

面对一轮轮逼迫，我们感受到一团复杂的情绪，越来越胆怯、心虚、纠结……直觉告诉我们有什么事情不对劲，不应当妥协，但我们理不清，感到迷茫，又高度不舒服，只想摆脱现状。

我们被吓住了或被内疚感黏住了，我们无法反驳，无法说不。我们的不安难以平复，我们越来越不舒服。

第三，服从。身处压力的确让人不舒服，我们开始心理失衡。为了摆脱自己的纠结，屈服仿佛更有诱惑力一些。我们开始自己劝自己要屈服。但其实这时我们还明白，对方要求我们做出牺牲，这对我们来说并不公平。

第四，合理化双方的行为。一旦屈服，我们就不可能再承认自己被利用了，那会让我们感到渺小。我们无法为自己鸣不平。我们会开始为自己的行为找借口，为自己编造几个说法，证明自己做得挺对、挺伟大、挺高尚的。

我们本能地知道某些事不对，却选择做那些错的事；但一旦完成错误行为，就会给自己套上一个光环，为自己加冕。只有这样我们才能保持自己的完整性。我们用各种谎言聊以自慰，我们在短期内无法识破自己的谎言。

我：后来呢？

德龙：后来他就频繁地来借钱，越来越多。

我们屈服一次，施害者就已经明白：这样向我们施压，就能让我们感到恐惧、内疚、不知所措，他们就能心想事成。勒索模式萌芽完成。

当他们发现这样做就能控制我们，就会进一步试探。我们的关系发生了根本性的变化，我们从热心帮忙的朋友，变成了被捏着把柄的被勒索者，我们被套住了。这就建立勒索的第五个步骤。

之后的每一次屈服，都能加强施害者的信念：可以进一步试探。双方权力会进一步倾斜，一轮轮失衡到不可收拾的地步。

我：后来呢？

德龙：后来我总共给了他五万块。

我：后来呢？

德龙：他不仅拒绝还钱，而且套给了我无数道德缺点。而且当时没有写借条，所以法院都不支持。

坏人是这个世界的一部分，正如我们自己也不见得总是善良。我们貌似知道坏人是什么模样的：言语侮辱、肢体恐吓、高涨的情绪……但我们很少遇到这样的坏人。真正的敌意不会让人感觉到。谎言和利用常常发生在亲朋好友之间。

施害者会通过观察我们的态度和反应，来确定勒索我们的程度。小静在用出轨这件事情试探老公，不断升级。前几年她跟老公开玩笑地说要离婚，老公没反应；后来就严肃地提离婚，老公没答应；再后来她就跟人调情，精神出轨，老公也当没看见；再后来，她就身体出轨了。在不断试探和免罪的过程中，她享受极乐的快感。她用老公能承受多大的伤害来衡量自己的价值。与老公斗，其乐无穷。

受害者总是感觉，自己无力拒绝或反抗，而施害者的闹腾就像一阵风，刮一会儿就过去了。殊不知正是忍让和退缩，鼓励施害者的行为一步步加剧，直到摧毁整个关系。每一个得逞的小勒索，都会鼓励施害者加剧试探、升级折磨。我们在助长勒索者的需要，我们其实是帮凶。

我们推己及人，觉得需要照顾对方的需要。但事实告诉我们：人们对进一步勒索的欲望是永无止境的，因为那意味着权力。

不抗拒、不顶撞、不反抗，就是在奖励和鼓励对方的行为。每一次纵容，都让勒索者再次得逞，让他们越来越懂如何操纵我们。他们不会注意不到自己的手段到底多么有效，就像驯兽师在训练动物。

但请不要相信勒索者像我所描述的那么恶毒，因为施害并非常常有意，它完全是自动的，不一定要经过意识。有些变化是在动物层面完成的，没有意识的婴儿也会完成某些进化。育婴所的护士们发现：有些婴儿喜欢打开、关闭室内的灯，一次次乐此不疲。心理学家产生了兴趣，做了一个实验：他们找到婴儿的一个偶然性动作，比如一个婴儿偶尔会挥自己的左手。然后，每当这个婴儿挥动左手，就关上一盏灯，每当他再次挥动，就再打开这盏灯。如此反复之后，婴儿爱上了不断挥手的过程。

勒索者的潜意识只是觉得好玩儿，所以不同自主地玩下去。最后发展到不可收拾的地步，他们也不愿意。自动进化的过程，还像有些孩子，如果父母不和，很快就会学会挑拨父母关系的技巧。他们并非有什么恶意，只是觉得好玩儿：他能操纵两个大人，多好玩儿。没有什么恶意，只是有个不懂善恶只懂开心不开心的小婴儿觉得好玩儿罢了。

Chapter 4

灵魂有瘀青，“爱”才会让人疼痛

埋进肉里的金项圈

有时候为了疼爱小孩子，家长会给他们戴上项圈，手脚戴上手镯脚镯。传说中有些人几千年都没摘下来，如哪吒和红孩儿。几千年过去了，他们还是孩子。他们不敢长大。如果长大了，手脚和脖子就会勒出血来。

为了畸形的美，维多利亚时代的英国少女喜欢束腰，把腰束得只有躯干的三分之一粗细。身体其他部分都长大了，只有腰长不开。

勒住身体的成长是一种比喻。

很多家长尤其是母亲拒绝看到作为大人的子女，那不符合他们的剧本，他们希望子女永远都是个小孩子，如果遏制不住子女的实际成长，最起码把孩子的腰、手脚、脖子永远束缚在婴儿状态。

时间变了，很多东西会发生质变，比如植物会变成煤炭，海洋浮游动物会变成石油，金项圈变成其他的东西。被套上的项圈变成了非常可怕的东西。

我们小区里有一只特别凶的狗，其他狗都容易被人诱惑，只有这一只喂不熟。有一天，我看到它的脖子在流脓，仔细再看，原来有一条项圈勒进了它脖子的肉里去了。

我相信：项圈是疼爱它的“主人”给它戴上的，后来它慢慢长大了，项圈却没有摘下来，所以长进了肉里。它的“主人”其实是“原主人”，因为它现在是一只流浪狗。皮肤在流脓，隐约可见项圈。也许原主人看到它脾气暴躁、皮肤流脓所以不要它了吧！可它对这个项圈，到底是该爱，还是该恨呢？

父母不知出于什么目的，套在我们灵魂上的禁锢也是这样的，就像勒进肉里的金项圈，长成了身体的一部分。在幼小的心灵上，勒上什么教条，似乎没什么问题。但灵魂慢慢长大，禁锢却没有拿下来。这条项圈让我们时时刻刻都疼，不做出畸形的动作不行，永远躁动但不知道为什么。不知道多少次见到这种恐怖的事情了，到最后演变成怎样的场景呢？暴走！我在电视上看到过这样一个场景：一头大象的主人在抽打它，像往常一样，但它突然暴走了。它把主人踢死了，开始攻击周围的一大群人，最后被击毙了。解剖的时候，人们发现它脖子的肉里有一根铁丝——它疼啊。你可以通过安慰它、打它、骂它，让它安静下来。但是终会有一天，它会受不了的。

那么多的悲伤、愤怒、求而不得……无不是因为我们疼啊。但我们不知道为什么疼，我们还以为是自己被什么人欺负了、得不到什么东西，其实是我们忘了项圈的存在了。我们忘了哪儿疼了，所以我们企图报复那个欺负我们的人，企图获得那个我们得不到的东西。我们的反应永远比正常人要剧烈，无论是否表现出来。

我自己就带着很多项圈、手环、脚环没摘下来。

苏珊的母亲需要她，需要她永远保持在婴儿的状态，以填补母亲内心的空洞，于是母亲制造了一个想象中的苏珊，形状和大小正好能填充母亲的空虚。为了满足这个形状和尺寸，苏珊灵魂上的金项圈包括：“我是弱的”“世界是恐怖的”“我是不能照顾自己的”……

带着金项圈，成长就成了剧痛——那些项圈崩不断。

苏珊忘了为什么疼，所以变得固执，各种行为和性格都无法解释。苏珊一直隐隐地感到肉疼，但自己也解释不清为什么。无论她讨厌什么、喜欢什么，所有的情绪都由不得自己。她一生就是一场挣扎，永无安宁，即使走遍海角天涯，还是莫名其妙地疼。

她总感觉自己就是这样的人，就是这样的性格，就有这样的爱好，就有那样的信念……这一切其实都是因为那长进肉里的金项圈。那个人，不是苏珊本来的样子，但她没有办法。

肉里的金项圈表面，会长出一层硬茧，保护里面的疼。这层老茧就是执念。

勒索者和被勒索者都自带一点儿诗人气质，任性、洒脱，充满幻想和忧伤。在他们幻想的国度里，有一套自己的信念体系，如何看待自己、如何对待这个世界，保证里面最疼的部分不会被碰到，保护那些禁锢我们的金项圈下的伤口。

王思迈（女）：我相信唯一不变的就是改变，这是我在初中二年级就建立起的一个信念。

我：为什么不去尝试一下尼采的哲学？……

王思迈：我觉得你在强迫我接受你的观点。我这个人很尊重自己，尊重自己的感受。我崇尚自由，受不得约束。

我：只是个提议，就像我送给你一个礼物，不如打开来看一下，不喜欢可以退货嘛。

王思迈：没有人能改变我。

我：你刚才还说欢迎改变。

每一个信念都动摇不得，即使它们自我矛盾。对王思迈来说，左右互搏是常有的事儿，她是哲学上的杂技师。这些信念保持她精神结构的平衡。每个人都有自己的执念，守护着自己金项圈下流脓的伤口，但我们把它们解释为坚持、美好、信念、理想、自由……

诺斯（半催眠状态）：更注重精神生活。因为一直以来都是那么坚持下来的，不愿意放弃，不愿意改变自己。维持自己内心比较美好的东西，得到自我肯定和美好感、优越感。精神洁癖。④

按理说，错误的信念会不断消退，人们会被经历改变和成长。然而有些信念并没有发生改变，因为金项圈长进了肉里。

为了让自己不疼，我们需要不断地确认这些让自己疼的信念，告诫自己世界是这样的，自己是这样的，这样做是对的。这些信念都是疼的，所以我们要一遍遍去证明它是对的，是普世真理。

很多女孩都有这种经历：小学学习很好，上了初中跟不上了。王思迈也是这样，班里的排名一遍遍刷新她的心理底线。世界发生了翻天覆地的变化，疼吗？疼啊。如何缓解疼痛？建立一个执念：世界就是在不断地变化。这能证明：王思迈已经长大了，不是那个王思迈了。

但为什么不是“我在变”，而是“世界在变”？因为“我在变”会直接捅到痛处，而“世界在变”可以挠到伤口周围的痒痒肉。任何执念都要经过一定的改造和变形。

执念背后都有恐惧、失望、丧失……我们害怕面对。每个人都有埋进肉里的故事，取不出来，所以只能证明它不存在，或它的存在是错误的。

为了证明它不存在或它的存在是错误的，我们会找一个与这个故事很像但又不是的故事，说给世界和自己听。我们要证明一些事情，一些

---

④在催眠状态下，主语常常是省略的。跳跃性很强，没有逻辑性，但一切都是最真实的。

不合理但发生在自己身上的事情是对的，藏着的那个伤口不是伤口。我们只是为了去证明某些事情，去证明某些错误地发生在我们身上的事情是对的。

自称或暗自称“好人”的，一般都被人伤害过。主张平等或声称“这个世界是不平等的”，一般都遭受过不平等待遇。锻炼身体的习惯好不好？好！但如果那是为了让自己感到安全，他大半在小时候被人打怕过或被武力吓怕过。

我们沉迷于自己虚构的世界当中，荒诞而真实。萨摩把一个代表“男人都不是好东西”的铁环随身带到了天涯海角。她不停地告诫自己：“不要轻易被任何对我好的人感化，因为感化就等于允许自己再次受到伤害。”掐个十几年，就算是石头也早都掐烂、掐碎了，但人的灵魂和石头不一样，灵魂生出了茧子，掩盖着一个摸不得的伤口。这个茧子叫作“执念”。

无一众生而不具有如来智慧，但以妄想颠倒执着而不证得。

——《华严经》

所有的执念都是错的，我们会对这个错误的执念进行求证，证明它是对的。正因为它是错的，所以才需要不断地向自己和世界进行证明。

看过一个电影叫《饥饿难耐》，一个小男孩和妈妈出了车祸，妈妈死了，他没死，俩人困在车里很久。他靠吃妈妈的肉活了下来。后来他变成了一个变态，把五个人困在一个房间里，不给食物。

为了什么呢？他想证明一件事：如果这五个人在极端条件下会吃人肉，那么自己在极端条件下吃妈妈的肉就不是错的。

他想证明一件错事是对的。

腾云：我的左耳朵其实是聋的，但谁都不知道。

我：家人也不知道？

腾云：不知道。

我：最起码跟你妈说过吧？

腾云：她不信啊，一个劲儿地管我要《诊断证明》。我没有，所以再也没有跟任何人说过。你信我吗？

我：我信。

腾云：你是这个世界上第一个相信我的人。

我：她为什么不相信呢？

腾云：如果有什么原因的话，那就是她觉得我应该坚强。即使有伤，也要自己舔。

腾云母亲掰开他的伤口、在上面撒盐。她在试探他是否喊疼，如果喊疼，就再撒，直到腾云不再喊疼。

她不相信腾云。她不断地索要《诊断证明》，而不肯相信儿子的话。她去掰开他的伤口，并质疑这份创伤；他认为这是一种羞辱，怕自己控制不住尖叫的嗓门，会疯，所以最后只能默认她对真相的设定：他没有受伤。

她相信他坚强到了理想状态。

腾云：在她面前，我没有悲伤的权利，只有恐惧、矫情和被揭穿的阴谋。她多年之后的解释是：“我是你妈，我狠狠地打击你，你都能承受得住的话，那别人对你的伤害，自然就能承受住了。都是为了你好啊，你以为妈心里头不难受吗？”

用心良苦，但逻辑不对。母亲不能理解腾云的悲伤，原因很简单，她有一个执念：人要坚强，悲伤是多余的，尤其对男人来说。她习惯了无视他的伤痛，因为她臆想自己就是金刚不坏之身。她小时候如果被人欺负了，回家后就会再被爸妈打一顿。所以她学会了这个真理，伤痛都是一个人需要承受的秘密。

腾云：姨妈对我说："你妈小时候身体弱，天天让人欺负，你姥姥又是暴脾气，哪有时间管孩子，除了打。"

她受伤时，也是这么熬过来的；她挺了过来，她是了不起的。所以她要证明这个真理：伤痛都是一个人需要承受的秘密。她对儿子的虐待只是为了去证明一些事情，一些她不得不接受的真理。

小顺经常打儿子。小顺说自己不喜欢打儿子，但"棍棒底下出孝子""不打不成才"。到底发生了什么？

他爸就老打他。他不允许自己攻击自己的父亲，而自己打儿子这件事情，可以向另一个他或整个世界证明：老子打儿子是天经地义的。

我见到他儿子的时候，着实非常心疼，一个被折磨得快傻了的孩子：学习不好、迷迷瞪瞪。这些特点又成了小顺打他的理由。

他要证明一件事："不打不成才"。自己也是这么过来的。既然自己没本事，那么，自然是因为打得不够多。

郝小壮：我可以同时掌控十几个妞儿。她们会跑来跟我温存，还得拿她们的身份证开房。

我：那你跟男妓有什么区别。

郝小壮：我不花钱。

我：你不收钱罢了。

郝小壮有娼妓情结，虽然他是男的。他目睹了妈妈跟陌生男人做爱的整个过程。他的目的很明确，他要证明母亲是对的："你看，所有的女人都是这样的！"

他唯一能为她做的，就是证明她是对的。

郝小壮：婚姻是人类错误的存在状态。

出门之前，我的母亲会先吓唬我，看到我的恐惧，才有勇气去面对外面的世界。那么我是否肯相信母亲在伤害我？那太可怕了。所以，我选择认为这个世界是“人吃人的世界”，没有人能撼动我的执念。我把自己变成了一个胆小的人，为了维护母亲在我心里的地位，我的懦弱是为母亲的伤害进行的抗辩。

我和郝小壮为什么无法放过自己呢？把自己放出来真的好难。为了对母亲效忠，我们编造了荒诞的执念或至理名言，一遍遍讲给自己听。我们自以为骄傲的行为模式，不过是在证明母亲做过的某种错误行为是对的。

咨询中有一个很常见的现象：任何建议对案主来说都会引起不适甚至愤怒，即使惯用的“我是来帮你的”都会让他们感觉难受。他们感受到的是满满的恶意和压力，甚至令人愤怒的攻击，虽然他们也怀疑自己是否有权利这么做。为什么？执念背后都有一个埋进肉里去的金项圈，那个执念、那个症状都是让自己不立刻疼死的保护措施。

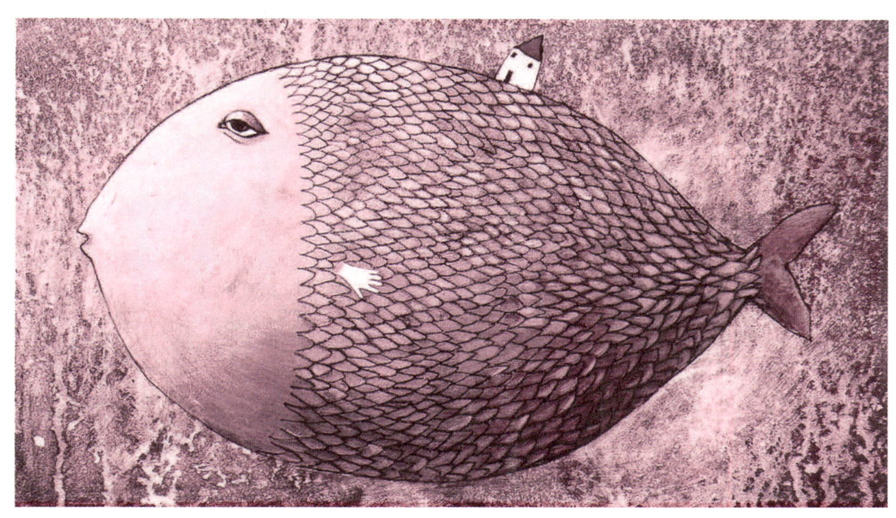

拉布：你为嘛非让我听你的！我就不能有自己的观点了？

我：我想帮到你。

拉布：用不着。你想控制我。

我：你怕什么？

拉布：我不怕！

我：我能为你做点儿什么呢，小梦？

小梦：我最讨厌别人说“我们是为你好”这话。

我：……

小梦：你懂我吗，你就为我好？

我：我说这话了吗？

小梦：没说你也是那个意思。

水面上漂着的至理名言，都是自我欺骗；每个名言下面都藏着一个执念；每个执念都保护着一个伤口。我们都有自己的执念，那是我们对宇宙的基本设置，是我们合理化自己的创伤的理由。

对宇宙的基本设置发生错误，是任何人都无法承受的灾难，因为那个基本设置下面压着攒了几十年时刻准备喷薄而出的脓。

任何能撼动我们执念的建议，都像直接戳到了埋在肉里的伤，我们会瞬间变身受伤的野兽。

执念都是半对半错的，但那半错的部分才是关键。比如“男人都不是好东西”这句话，它的真相是“有一部分男人不是好东西，有一部分男人是好东西，有一部分是不好不坏的东西”。但我们需要自己或他人一遍遍确认这一整句错话，才能默默保护好自己最疼的伤痛。我们不是在说这一整句话，只是在说其中半句，但我们希望别人能认同另外半句。

所以我们不需要建议，我们只需要能加强我们的执念的意见。我们一遍遍寻求认可，而不是建议，得到被认可后我们才会心安。执念保护的伤口越疼，建议的攻击性就越重，我们对自己意见的不赞成感到无法忍受，每一个小小的异议都好像作用在了我们的伤痕上。

无辜的“祭品”

《世界奇妙物语》里讲了一个“摸摸神”的故事：人人都有自己的恶，恶招来了神怒。人人争着摸男主的手，把罪孽传给他，神通过杀死他赦免众人的罪。他就是作为祭品的“摸摸神”。

中国古人喜欢祭祀，以太牢、少牢甚至人牲来祭神，平息神怒。周朝的“周”字本来是个“用”字，而“用”就是“用来祭祀的人牲”的意思——这是一个专门为商朝提供人牲的部落。

献祭似乎是人性的一种本能。当宇宙中出现负能量，就需要祭品，需要有东西或者人受苦、受罪甚至死亡。献祭，就能暂时得到安宁，这是最直接的目的和结果。

祭祀无处不在，请别问我为什么古人如此愚昧。

家庭或家族是一个相对封闭的环境，这里也是一个独立存在的宇宙空间。每个宇宙都可能有负能量无法排泄，为了保持整个宇宙的平衡，也需要祭品，承载所有的负能量。

系统性的情感勒索以家庭或家族为单位进行。一个人勒索其他的人，家庭地位低一级的则把勒索传递给第三级，依次顺延，直到整个系统中叠加的勒索最终落实在一个人身上。家庭地位最低的那个人会成为整个系统的祭品，常常是女儿或老大。⑤

我还听说中国古代的某种风俗。专门买一个丫头，做家里的女儿，有主人家的待遇，但家里人都不跟她说话。然后这个女儿就会变得疯疯

⑤具体的原因可参考《自卑与超越》，阿德勒有详尽的解释。

癫癫的或早早地死去，而这个家族会代代兴旺。每代都需要这样一个女儿。

我的家族中就有很多的痛苦，这些痛苦集中体现在了我的母亲身上。她胆怯又鲁莽，强烈地自卑又骄傲，一直生活在一个危机四伏所以需要战斗的环境中，她有被迫害妄想症，常常失控。她怕见外人，见陌生人就像上战场。我发现一个奇怪的现象：每次出门之前，她都要先闹腾一通。看到我十分恐惧，她就会很安心地出门。她需要吓到我，我是她寄放恐惧的地方，如同作为献祭的牛羊。她想看到我胆小怕事，所以自己不是特别差。当我这个替罪羊承担了恐惧，她就放松了下来，变成了一个暂时非常勇敢的人。她把恐惧寄存在我这里，去战斗。

她让我代替她去害怕这个世界，潜台词是“你看，是我孩子特别胆小不是我”。她害怕这个世界，她害怕自己害怕世界的感觉，为了让自己感觉好受点儿所以投射给了我，通过嘲笑、侮辱、贬低、鄙视、贬损、轻视、指责，负能量全都落在了我的身上。

我感觉到，只要她成功地吓唬到了我，让我紧张、恐惧甚至抓狂，她就会深深地舒一口气，暂时忘记自己的恐惧。

当人感受

到恐惧，就会通过吓唬、诬陷、指责、用计，把另一个人变得胆怯，转嫁恐惧。潜台词是：“看，是存在恐惧，但害怕的人不是我。我可以让他人胆怯、丧胆、哭泣、害怕，所以我强大。”这样，她那些不安全感、对世界的恐惧等，以及所有人给她带来的威胁，都转嫁到了另一个人的身上。

母亲总需要周围有个人承担她的贬低性信息，让她建立自信。坐在这个位置上的人，就是她的祭品。

母亲：就算弄死你，我都不用偿命！

我：妈，不是，昨天电视上还说了，亲妈杀儿子要偿命的。

母亲：废什么话！就你懂！

勒索者从不挑剔，对任何人都会下手，但成年人不好控制，所以最后总会落实到家里的孩子身上。

儿女是理想的发泄工具，勒索者有自己的筹码：第一，他们无力反驳。心智较弱的人才能被操控并催眠成施害者所希望的样子。被害者一般都是智力上的弱者。孩子比夫妻、恋人、兄弟姐妹、父母更弱。这是现实。第二，有冠冕堂皇的理由：为了孩子的教育。

在精神上怎么把孩子困住，大人有的是方法，毕竟在年龄上相差二十多岁。大人天生有智力上的优势。孩子无力在逻辑上和发泄的大人进行辩驳，所以感到不舒服但无法不服从就成了自然而然的结果。一本正经地胡说八道不是讼棍的特权，爱撒谎又懂编谎的大人，编个谎言并不难。我学了心理学硕士，考了二级治疗师证，咨询了近百个案例之后，才能梳理我的母亲——一个农村妇女的谎言和良苦用心。

孩子作为祭品，是自动的选择，因为欺负谁能像“欺负小孩子”一样简单呢？

咨询师阿杜：你的孩子最好欺负。这世上任何一个人，你欺负了他，都可能受到未知的惩罚。只有你的孩子，你清楚他的处境和能力，你知道

他无力反抗，也无法报复，所以你敢把生活对自己的不公迁怒于他，你知道这是安全的。

大人想拿我们献祭，我们也在积极配合。孩子不允许自己相信，自己受到了伤害。我们对大人有一种天生的敬畏感。我们依赖他们，信任他们，崇拜他们，我们不能认为他们是坏人。我们打心眼儿里都觉得身边的大人简直就是神的化身，我们认为他们是所有正直的源泉。我们不可能认为他们在害我们，他们也不会这样认为。精神的虐待、人格的贬低、灵魂的束缚，可以被双方理解为理所应当，比如“听话”“孝顺”“懂事”。我们不愿意去梳理大人们逻辑中的荒诞，害怕去想，因为怕接受残酷的现实：自己最亲爱、最珍惜、最尊重的人，竟然在骗自己、害自己，拿自己献祭。

认为爸妈是坏人、在对自己做错事，我们就会失去他们，而丧失感是谁都受不了的。对丧失感的恐惧让双方都催眠式地相信：“妈妈不会害你的”“天底下有不爱孩子的父母吗”“你没有独立生活能力，没了我你可怎么活啊”“你还是个孩子，你懂个屁”“爸妈怎么会是错的”“你永远都不够好”……

小孩子总会长大，但摆脱祭品的位置并不容易。一方面，被害者长期受到压抑，灵魂肯定很孱弱，力量欠缺；另一方面，勒索手段也会越来越高明。母亲对我的控制越来越娴熟。外人评价她都是一根筋，有点儿傻，但在对付我的过程中，她几乎是孙子兵法的教练。对付儿女，年长的父母总有办法。

不幸福的家庭生活，最终都要由子女来埋单。

对孩子施害，貌似非常变态，但人们都是不由自主的。

昨夜一上床，又把你的童年温了一遍。可怜的孩子，怎么你的童年会跟我的那么相似？自问一生对朋友、对社会没有做什么对不起的事，就是在家里，对你和妈妈做了不少有亏良心的事。尽管我埋葬了自己的过去，却始终埋葬不了自己的错误。孩子，孩子，孩子！我要怎样的拥抱你才能表示我的悔恨与热爱呢？

——《傅雷家书》

顾城和谢烨生了小木耳后就把他送人了。顾城觉得木耳是个男孩，不能进入他幻想的女儿国。但顾城写道：他会在没人看见的时候偷偷对木耳好，他没有办法解决人伦亲情和他幻想的王国之间的矛盾。

萨摩害怕生一个女儿，她不知道自己到底该如何对待她。郝小壮甚至不敢要孩子，他决定要游戏人间，即使结婚了也要做丁克。他们不知道该如何对待孩子，或者说那个曾经的自己，他们怕忍不住攻击。

祭品的选择是自动的。在一个宇宙中，能量是守恒的，只要有负能量，总会自动集中在最低的一处。整个宇宙中的垃圾：愤怒、内疚、不安全感、脆弱、沮丧、嫉妒、傲慢、躁动、不满足、抱怨、烦恼、报复、失望……总要有个地方去放。倾销垃圾的场所，自动就进行了选择。

拉布是大姐，她有四个妹妹和一个最小的弟弟，她要帮助父母照顾所有的弟妹。农村里常有这种组合，家里不停地生了一串女儿，就盼着最后生一个儿子。真相一定是弟弟的地位高于姐姐们，而她会是所有女儿中最不受宠的一个。她是家庭地位最低的那个，是所有负能量的聚集地，她就是家庭的祭品。

但大家会说：“我们家是很平等的”，她也会深信不疑。于是她相信，自己对弟弟妹妹们做出的所有让步和过分的牺牲，都是因为自己疼他们，而不是自己处于整个家庭结构中最不利的位置。所有的重量都在向她倾斜，她是家庭负能量的倾泻口，她跑不掉了。

变成勒索者也是不由自主的。对弟弟妹妹们的爱恨交织叠加起来，会让她忍不住去勒索丈夫或者女儿。在她的新家当中，一定会有一个弱小的人，来弥补她的丧失感，完成她的报复，疼爱并攻击这个人。

拉布：你不了解我女儿，你不狠狠地羞辱她，她不会改的。

我：你母亲这样羞辱过你吗？

拉布：……管孩子就应该这么管啊！

所有人都听不清自己的心声，我们都在不由自主地被害和施害。受过苦难的人也许都应该意识到，所有的苦难都会生根的，受的苦难越大生的根也就越深。有时我们说话行事时，我们以为是我们的理性在主使，其实也可能是仇恨、敌意与盲目在主使，人的复杂性要远大于人的自我理解能力与自我调控能力。我有时候会武断地以为信仰问题并不是人的难题的全部，信仰仍难以代替人的思考、摸索、判断。但是某些至深的痛苦种下的根，可能会假借别的名，左右着我们的见识。

圣经说人生来带着“罪”，佛陀把它叫贪妄执念。人的罪会殃及家人，遗传给后代。现代科学企图用另外一套术语体系解释这种现象。在家族序列排序的理论里，有一套很玄的推导过程可以解释清楚，表观遗传学则试图从分子层面对这种现象进行解读，也就是DNA这个骨架之外的“肉”——RNA或蛋白质结构——也可以传递遗传信息。角度不同但结论都一样：一个人的

罪（或负能量），会遗传或传递给自己的重要他人。

我们感觉很烦，一是因为我们根本搞不清自己到底做错了什么，二是因为恶和罪的基因，还能遗传，能传染，要多烦就多烦。

我有个解释比其他解释都简单得多。比如你的祖父伤了人而未受到惩罚，就产生了没有消除的罪，那么，他会如何对待你的祖母和父亲？压抑着的情绪会变成躁动，让他调成攻击模式，无论是自我攻击还是外向攻击。你的父亲长期受到攻击或冷遇，就会把情感饥饿内化成自己人格的一部分，于是他会变成一个像他父亲一样让自己痛恨的人，从而想攻击或冷待你，你成了下一个载体。家族树里就这样出现了系统性的情感勒索，如此，这份“罪”，会通过情感勒索的方式继续传递给下一代，又下一代……

红丽：我和我妹妹都快二十岁了，他（她爸）在家里还老是光着屁股大摇大摆……想起来就觉得恶心。他是我这辈子见过的最让人恶心的人。

我：到底发生了什么事，让他这样对待你们？

红丽：……

我：他是不是受过折磨？

红丽：他受没受过折磨，不知道。我只知道他妈拿开水烫他哥。

我：这到底是有多恨啊，拿开水烫自己的儿子。

红丽：他是二儿子，还有个大哥，夭折。

我：都是有病的人！

红丽：说起来就是自己不能去化解一些东西，还加到孩子身上。他妈其实也是受害者，不然怎么会对自己的儿子这么狠呢？

我：为什么这么说？

红丽：我爷爷是被打死的。

我：这么倒推起来，其实是没完没了的，因为上面还有太爷爷、祖爷爷……那时候的他们到底造过什么孽，谁也不知道。祖宗造孽儿孙还，这一代还不完，就下一代接着还。到底最早的那份折磨是什么，发生了什么事，早就忘记了。忘记了的，才会变成各种各样的问题，在家族里顺延、遗传。

我所接触到的所有案例中，没有发现任何一例勒索不在多代人中间传递的。每一个勒索者，都是曾经的被勒索者。他们既是受害者，然后学会了施害，把“罪”传播出去、传递下去。他们只是其中一个环节，是“罪”的承担者。痛恨父母的儿女最终会越来越像他们，尤其在缺点方面。我们总是下定决心不要变成那样，但最终都越来越像他们。我们讨厌自己变成这样，但我们没有办法。

红丽把焦虑状态下的冷漠当作了爱。她的一对儿女，承受着情感的饥饿，也已经被折磨得不像样子了。这两个孩子长大了，估计也会忘记自己曾经的饥饿而去饿着他们的孩子，不抚慰他们、不陪伴他们，就仿佛他们从不需要、自己也从未渴望过一个自己喜欢的大人对自己好。但她爱他们，这没办法。

我们要理解并原谅那些来自原生家庭的勒索基因，这是解决问题的第一步。

“献祭”就是这么个道理：家族树中会有负能量，家庭地位会有自然的倾斜，负能量会自动聚集到一个人身上，最弱小的那个人会成为整个家庭的替罪羊，承担所有的负能量。

活祭会积累长期的负面情绪，导致心理结构失衡，被迫相信或反抗“我是小的、矮的、弱的、不重要的、不需要尊严的、不需要被尊重的”，等等。他们被迫与无形的力量进行斗争。几乎所有的心理问题都是情感勒索的直接后果。

被献祭的孩子，不像用来平息神怒的牛犊、羊羔，他们没有死亡。他们需要接受父母的罪或负能量继续活下去。在被勒索者的位置上，也就是活祭，我们被剥夺了什么，又多出来什么呢？没有自由、自尊、自我、安宁，只有焦虑、愤怒、压抑、纠结、困惑、外向自卑和永远无法停息的战斗……

惜弱：我就是个垃圾。

我：为什么这么说自己？

惜弱：我永远都是个治不好的垃圾，你知道吗？

莱特：我在任何方面都永远不够好。我身体很笨，小时候就不喜欢做课间操，我不适合开车，考了十次都没考下驾照。我的身体可能不协调，从小就没有运动神经。

对自己的病态自责、贬低和自我攻击，成了一种自动的心理习惯，我们沉浸其中不能自拔，找不到出路。我们还用痛苦、无能和自我设限，来纪念自己的父母，保持和他们的连接。我们永远躁动，无法享受当下的任何美好，并限制自己各方面的能力，我们害怕自己感到幸福，我们会克制自己幸福的感觉，比如惜弱无论如何都做不到任何自己想要达到的目标，比如戴安娜“无法按时到达任何地方”，比如腾云“无论如何都努力不起来”，比如阿广的“一有什么高兴事儿马上就会发生灾难”……

我：那么，为什么不安呢？

拉布：我也不知道，可能我不知足吧，心总是漂着，朋友老是说：“拉布我好孤独啊。我想找一个能让我的心停靠的人。”她说这些的时候，我也是说：“两个孩子的妈了，还孤独？”可我也理解。我们都没找到那个和自己无话不谈的人，没找到真正疼惜自己的人。

你说：“我们是无辜的！”

好吧，祭品都必须是无辜的、无罪的，才能承担罪。为什么孩子或者怀孕的妇女是理想的人牲？无辜、干净、无罪。

家庭中的祭品一定是家里那个最乖巧、最善良、最无辜的孩子，调皮捣蛋敢跟家长顶撞的那个，是“不洁”的，不会是被献祭的人牲。

所有的祭品都是最善良、最无辜、最美好、最纯洁的人或动物，这也是我们摆脱祭品的位置、重塑生命的最有力的武器之一。一旦摆脱祭品的位置，你一定会像精心挑选的最健壮的羊羔、牛犊一样，长成最强壮、最俊美的存在，能够享受生活中最美好的自己，欣然去绽放你独有的那份绝代风华。忍了几十年的沮丧会让迟来的微笑更加甜美和动人心魄。

陌生的亲人和陌生的自己

我们存在，因为我们并不孤单，我们都是成双成对存在的，无论父子、母女、夫妻、伴侣，我们都存在于关系中。宝宝感冒了，妈妈会难受，妈妈因为宝宝的存在而存在；“你对我有信心，我才有信心”，存在不是一个人能完成的事情。

家人的陪伴、鼓励，拥抱、关切可以给我们充电，使我们获得精神能量。我们就像希腊神话中的大力士安泰，无论受到多少伤害，只要往地上一躺就会重新获得力量，满血复活，因为他是大地之神盖亚的儿子。

贴心的家人关系是我们安身立命的基础。家人、恋人本是最暖心的存在，彼此可以敞开胸怀、无话不谈，我们会和贴心的家人分享很多事情，悲伤、幸福和期待。

我们会告诉他们我们的渴望和尚未完成的理想，他们会鼓励我们；我们会告诉他们我们做过的蠢事，经历的不幸、悲伤、担心和不安，他们会安慰我们；我们会告诉他们我们的成功，他们会分享我们正在经历的成长；我们还会告诉他们我们爱他们、需要他们，跟他们在一起，我们感到很幸福，很开心。

这个世界上最痛苦的事情莫过于无法和至亲走心。我们心里装着的人和我们隔得很远。我们陪在他们身边，却无法感到坦然，心里老是揪着。假如我们一想到某个家人就觉得纠结、紧张或不愿去想，残酷的现实就是，这份关系一定存在某些异常，只是我们不知道或不愿知道。我们心里总是揪着，我们不敢分享正确的信息，做什么都谨慎小心，随时保持警惕，就像做生意，说话之前都要经过大脑，或者干脆保持沉默。

小静：婚姻里太寂寞，需要有人鼓励着我，扶着我一起去坚持下去！（结果）两个人生活在一起，一说话，谁也理解不了谁，时间长了，相互就沉默了。我现在也真是力不从心，不知道该怎么办。

因为我们怕：

1. 怕他们会嘲笑和讽刺我们。他们会利用我们做过的蠢事和经历的失败来证明我们不行、无能，我们的想法和做法是错的。

2. 怕他们会嫉妒并攻击我们的成功。“你有什么了不起？”这句话我永远都不会忘记，在父亲看来，我通知的每一个好消息都像在炫耀，只能导致冷嘲热讽（他把它理解为“鼓励”和“鞭策”，但情绪中的恶意是不言而喻的）。

3. 怕他们会嘲笑我们的梦想和理想，认为那是不切实际的幻想，使我们感觉自己无能且不切实际。

4. 怕他们会利用我们对他们的需要来控制我们。

高兴、悲伤、成功、失败都成了我们一个人的事，于是我们感到孤独。

你可以检查一下自己和某个人之间是否有正常的称呼，称呼里是不是有压力。健康的亲人之间会有特别的称呼，就像孩子的小名或乳名，或者简单地称呼一个字，“刚，来尝尝这汤的咸淡”“桐……”“闺女……”“他爸……”，里面全都是喜悦和亲密。如果家人之间无法这么称呼，略带撒娇的词汇让你感到不舒服、不安全甚至恐惧，很难略带喜悦地说出口“我爸”“我妈”“我儿子”“我闺女”“我朋友”“我家”之类的话，那么你已经饱受其害。你会是一个孤独的人，在人群里仍然寂寞。

我：我觉得你有点儿忧郁。

王刚：我没什么可烦的。

我：我猜你爸是个很强势的人。

王刚：我妈更强势。

我：你让你爸妈压住了。

王刚：我是孝顺。

王刚并不勇敢，他把热爱暴虐的父母解释成了美好的品质，他还告诉我：人要孝顺，父母越离谱，证明你越孝顺。温暖的亲子关系已经陌生得只剩下了冷冰冰的道德。

王刚：在我的生活里，亲情永远是第一位的，爱情，应该要排在第四位或者第五位……

我：你爸妈一定都是大美人。

王刚：我都几乎已经忘了我爸长什么模样了……

我：你妈呢？

王刚：她……是个很美的女人。

天阳和母亲之间陌生得只剩下了打钱。

天阳：我妈只接受一种对她的好。

我：是什么？

天阳：打钱。

小东和小英之间陌生得只剩下了自己的伟大。

小英：我就是你们家免费的保姆。

小东：我就是你们家赚钱的机器。

他们已经把夫妻关系称呼为“你们家”了。

我：怎么称呼？

萨摩：萨摩。

我：身份证上就是这个吗？

萨摩：不是。

我：那您的真实姓名呢？

萨摩：这就是我的真实姓名。

很多咨客都很不情愿告知其姓名，他们总想隐藏什么。萨摩没有姓，名字也是编的，她喜欢孙悟空，无父无母、天生地养。她的姓名（×大鹏）里带着莫名其妙的恐惧或耻感。每次被人叫全名，她都要打个寒战。

姓名都是爸妈给的。没有人能温暖我们，除非爸妈先温暖了我们的姓名。孤独和寂寞是永远治不好的病，因为没有至亲住在我们心里，让我们感到坦然。

我：这是谁？

萨摩：×天德。

我：×天德是谁？

萨摩：我弟弟的爸爸。

我：为什么不说“我爸”？

萨摩：那不一样吗？

我：我希望你说出口。

萨摩：我说不出来。我不需要他。你为什么要逼我？

神化父母与矮化自我

我们都需要一个崇拜的对象。我们还需要打败或超越这个偶像。只有这样才能完成我们的成长。没有完成这件事，就像憋着一口气没出来。

我们收到了至亲的压制，需要超越他们，只有这样我们才能把那口气呼出来。“长江后浪推前浪，一代更比一代强”，这是每个人心里的梦想。所以，律师的儿子会特别想做法官，工人的儿子特别想当厂长，演员的女儿会立志做个导演……我们用比自己更尊重的人更强大，来定义自己的强大，我们要胜过他。

是不是有点儿悲伤？儿女总想超越父母。不，在争强好胜的表象之下，还有另一重更美好的愿望：我保护你，爸爸妈妈！超越了你们，

我就更能保护你们了，等你老了，累了，弱了，让我来替你撑起你那片天空，就像你现在为我撑起来一样！

争强好胜并非完全用来彰显自己的人格，还是为了保护自己所爱的那个人或那些人，保证他们不受伤害，甚至保证他们不伤害自己。

我们都需要打败或超越自己的父母，这是我们的内在渴望，我们成长的必经之路。但另一方面，我们又都需要家族自豪感。这是一对矛盾体，处理不好会发生问题。为自己的父亲感到骄傲，常被潜意识当作一个理由，自己必须弱小。浩宇父亲是某部部长，郝小壮的父亲是上市公司的老总，对他特别好。家族自豪感变形成了神经症性的自卑，他们觉得既然无法超越父辈，自己自然就是弱小的；但自己又有这背景，于是变成了外向孤独症患者——表面非常强势，周围朋友很多，自己是老大，带着一帮小弟到处喝酒、泡妞、旅游、吼歌……实际上八成有不同程度的抑郁症。

神化父母，就要矮化自我吗？你们是平等的，你们在人格上没有高低之别，你们是互相尊重的。所以，崇拜父母，不能变成拜神一样。你和任何人都是平等的，妓女和国王并不从尊严上有任何差别，乞丐和高僧可以一起谈经说法。

但是问题来了。成功的父母一般都很严厉、强势，他们为自己感到骄傲的同时，往往在束缚和勒索他们的子女。

本能的愚忠

陪伴我们最久的是父母，我们天然地和父母有感情。我们身上最好的东西都来源于他们，最差的也是。我们是分不开的。

我们都需要一点儿骄傲的东西才能在世界上安身立命，对父母的自豪感是很重要的，那是我们天然的精神依赖。我们天然地觉得父母了不起。

父母在我们眼里都自带光环，尤其是异性父母，即使我们恨他们。

我们崇拜他们，认为他们聪明、智慧，有令人难以置信的美德、才华和力量。他们是艺术审美的对象，类似于贾宝玉对年轻女性的那种幻想。他们简直就是美的范本。身高马大、体阔腰圆的母亲，无法自制的酒鬼父亲，在我们眼里都充满了真正的魅力，有着盛世的美颜，像翔天仙女般勾魂。

但我们会发现他们和我们设想的有差异，而且差距特别大。母亲看着躺在床上不能动的姥姥，她期望她还是那个一手抱着自己一手炒菜的人。然而并没有，她失望了。郝小壮见到母亲和一个男人，而且不是自己的爸爸，在上床。他失望了。

怎么办呢？简单。我们继承他们的缺点和弱点，变成他们的样子活下去。我们自己习得那些缺点和弱点，从而排除讨厌爸妈的可能性。我们用这种方式为父母进行辩解。我们爱得深沉。

腾云曾经下定决心：一定不要变成父亲那样。但故事总是这样，人们会不知不觉地变成自己不喜欢的模样。腾云的父亲是个酒鬼，父亲说喝酒是错的。腾云有酒精依赖。逻辑很简单。他只能在这个层面上认同父亲。只要自己变成一个酒鬼，那么父亲就是应当值得原谅的。

另外，他拉低自己的身价，变成一个堕落的人，以免让父亲一个人孤单。只要自己变成另一个酒鬼，父亲就不再寂寞，因为爷俩儿已经在另一个层面上形成了一个队伍。这才是真感情。我们全力以赴变成坏父母的模样，为了爱上他们的缺点，我们让自己拥有这些缺点。

萨摩从理智层面进行扭曲，把吸烟幻想成魅力的表现，她扭曲了自己的世界观，以迎合对父亲的情感。假如自己不是烟鬼，那简直就是对父亲的背叛。

郝小壮想得到妈妈，但他失去了她。他长得很像一个化了男妆的老太太。

张燕继承了母亲所有的病症，以此作为纪念。

张燕：我从小就不愿意变成我母亲那样的人。可怕的是，我发现自己越来越像她。

我：我们认同他们，是不由自主的。

张燕：只可惜2012年她车祸意外，我们之间，什么都没有个结果，她就没了。

我：难怪你会这样了。父亲酗酒的，我们从意识层面那么恨他，自己却会变成那样的人，因为，我们舍不得。我们会以他们的病症和痛苦来纪念他们。这才是爱，骨髓里的爱。

张燕：嗯，她精神分裂症多少年，也是苦命的人啊。

我：如果理不清你对她的情感，你的另一个自己，还会继续这样向她表达你的忠诚。我们离不开他们，他们是我们精神的底色。

张燕：她已经在正常的时候，用全力来爱我了，然而……

我：幸福总是短暂的……

我们还想在爱情中，复演和异性父母的关系。我们天然地会发现某些人自带魔力。小智见到萨摩的时候简直被她迷死了。她说她喜欢一个玩具，他恨不得把整个玩具店都包下来送给她，看着她顽皮地抓着一个毛熊不肯撒手，他心疼得几乎要叫出来，他恨自己太穷了。他喜欢她，觉得连她那股子挑剔劲儿都那么带感！

她的样子很像我妈，还有对我最好的小学老师。而我当年解释的是什么？我解释说，她长得好美，像一只狐狸；连她的小胡茬——一种很奇怪的变异，都被理解为无可替代的美。其实现在看来，她唯一的长处，只是长得好白。

他的潜台词大概是：“如果我没有办法讨好母亲，那么最起码我可以哄这个女孩开心。她是我的，是我复现和母亲的关系的道具。”

从不幸家庭中出来的孩子，会看另一个从不幸家庭中出来的孩子特

别顺眼。他们有莫名其妙的吸引力，他们不像别人那样因为外貌极佳等世俗标准打动我们，我们甚至把他们的老于世故甚至坏脾气视作魅力的一部分……我们都欣赏畸形的美，就像欣赏吞剑表演，并不是因为那有多么美，只是单纯地感慨他们生理的扭曲。我们志同道合，我们有共同点，我们如胶似漆，我们两情相悦，我们鱼水交欢，然后互相勒索，然后一拍两散。

为了不指责父母，我们指责“这个世界”。

小彤：我一向认为我是被厌弃的人，这个世界并不爱我……

我：不爱你的只是几个人，而不是整个世界。

“这个世界”貌似指物理世界或人类世界，其实它只是那么两三个人而已。他们是我们和物理世界连接的途径，所以当我们说“这个世界”的时候，仅指精神上和我们最近的两三个人，跟星星、月亮、美国人、中国人、北京人、朝阳人民、居委会大妈……都没有关系。请尝试着把下面这些话中的“这个世界”“整个宇宙”换成“那两三个人”。

愿你与这个世界温暖相拥。

这个世界难道就这么冷漠吗？

我已经无法相信这个世界了。

突然感受到了整个世界的温暖。

去怀疑一个没有尽到自己职责的父亲或者母亲，是一件多么困难的事情，所以我们宁肯选择去怪其他任何东西。我们无法硬下心肠去割舍深度的连接，所以这也没有办法。

情伤也是这么来的。我们不肯恨爸妈，但恨意迟迟不散，总得找个人恨不是？

我们要恨自己、讨厌这个世界、经历刻骨铭心的悲惨爱情，因为我们不肯怨爸妈，因为我们爱得深沉。另一个自我明确地知道，爸妈伤害了我们，他们不合格。但不管什么情况下，孩子都本能地想认同父母。

亲缘认同让我们永远忘不了，放不下，想不开，舍不得。我们都是愚孝的人。所以，错在自己，错在爱情，错在坏人，错在这个世界……

我：你爸真是禽兽不如的东西。

萨摩：嗯。

我：他简直就是垃圾中的战斗机。

萨摩：嗯。

我：你爸就是个畜生。

萨摩：你这人说话一点儿素质都没有。

我：我在帮你。

萨摩：不带你这样的。

萨摩一遍遍细数她爸爸的罪恶，她打心底承认并否认她是他的女儿——她的心分裂了。对父母的崇拜和贬低，是灵魂的分裂。攻击父母就是自我攻击；自我攻击，就是为了攻击父母。攻击父母和攻击自己都是为了让他们爱我们，矫情。

萨摩恨她爸爸，所以我们不难猜测，她到底有多爱他，多想让他爱她。我们也不难猜测,她说他的坏话，不过是臆想他能因此改变，而不是真的把他贬低成一条蛆。

人所否认的，才是潜意识中的真实。再恨，我们也不允许别人说，别人侮辱他，就是侮辱我们自己。“只有我能恨他，侮辱他，别人，不许！”

所以萨摩风格突变。她不肯承认自己爱他，只是爱不起来，所以误读成了恨。

实现父母的诅咒

我小时候常蹲着撒尿，因为母亲对我说："人应该蹲着撒尿。你看佳丽（堂姐），就蹲下来撒尿，这样就尿不到鞋了吧。"我的脑海中一直回响着母亲那句"你看佳丽……"我相信了母亲，接受了她的建议，她感到很满意。小学时，我常被人耻笑。

大人认为骗人的都是坏孩子："怎么又撒谎！"恐吓会让儿童知道撒谎是不对的。大人传递这样的信息，我们也这样传递给自己的孩子。唐僧给孙悟空紧箍咒的时候，说那是自己从小戴的帽子，但那是观音给他的，他骗悟空带上了。骗人是一件人人都在做的错事。

成年世界的欺骗是必需的，也是不由自主的，除了闰土一样的农民，没人生活在没有谎言的世界里。

我妈在一本正经地误导我，同时禁止我撒谎。她把"不会撒谎"变成了我的品质之一，而她善于用计，为了更好地控制我。撒谎之所以成了一个贬义词，因为带着我不会撒谎的屈辱感，被人冤枉的感觉并不好。

她不怕谎言暴露，但我怕发现她在欺骗我，知道她会骗我是我受不了的。她知道我们的关系是永恒的，她有绝对的优势，她知道我害怕知道她骗我。她本能地知道我不敢把她看成一个坏人，她也知道表姐在我心里的位置。我暗暗觉得，母亲在欺负和算计我，但我不希望这是真的。我不敢认为是她在害我，因为我爱她。

我怕知道她撒谎了，那会让我受不了。她不会骗我，否则我活着还有什么安全感和寄托？我不愿意相信她在对我做她禁止我做的错事。我更怕知道她要控制我，根本不管对我造成的伤害和后果。我怕知道这些，所以我告诉自己：她在乎我的感受，如果她欺骗了我，那么那个谎言也是真的。

所以我学会了不在学校上厕所。

妈妈的诅咒实现了：“人应该蹲着撒尿。”

家人会骗我们。即使是假的，也会被我们当成真的，因为我们也不愿意相信他们在骗我们。我们不愿意相信：在利用我们、控制我们的，是我们最亲的人！听到这个声音会让我们感到真正的孤单、无能和恐慌。我们不仅要被迫面对自己的弱小、无能，还要认清自己被最关心的人所逼迫的残酷真相。这是谁都受不了的。比起正视血淋淋的现实，还不如去执行他们的谎言，把他们的谎言变成真相。

我爸离开我们早，妈妈怕失去我所以让我晚点儿再找女朋友，好像也没什么不对的，毕竟这个世界上除了我也没人陪她了。但我为什么就这么想离开她，难道我是个十恶不赦甚至连自己可怜的妈都无法孝顺的坏孩子吗？我到底怎么了？

嗯，我不乖，我不该找对象。

我叫 x 迈，母亲给我起这个名字的意思是家里一直都很穷，希望我将来能够光耀门楣，从此“迈”出困境。我知道她是为我好。但我总感到莫名其妙的压力，老想逃学。我真的很讨厌自己这样。而且最可怕的是，我平时考试都是前三名但每到大考就一落千丈。难道我就必须让爸妈的期望落空吗？

嗯，我不是个成事儿的人。

婆婆说她带孩子有经验，毕竟生了七八个孩子，她说把我腾出来去工作就更能提高家里的经济水平了，这好像没有什么不对。但儿子看我的眼神总那么陌生和冷漠，好像婆婆才是他妈妈而我只是个外人。我感到很不好受，但老公也帮着婆婆说话，还批评我为什么老想跟婆婆抢孩子。我真的感到很委屈，但又觉得没什么毛病。我到底怎么了？我该怎么办？难道我真的是一个挑事儿的坏媳妇吗？

嗯，我是个坏媳妇。

我一直和一个我不喜欢的人在一起，别提多难受了，但他每次都连哄带吓又让我觉得即使有离婚的想法都是有罪，我到底怎么了？

嗯，我是有罪的。

我们害怕思考这个问题："我的亲人在用谎言攻击我、控制我"，所以我们选择相信他们说的是真的。只要一个谎言被两个人接受，它就会成为这个小宇宙里的真相。我们越来越觉得自己就是被诅咒的那个样子。

父母的诅咒是最难破的。识破谎言之后，一般人心里会想："我才不上你的当。"但面对父母的谎言，我们却无法不当真。子女在被父母诅咒的过程中是没有意识的，我们的思考能力在慢慢减弱，感受能力在慢慢消失。我们压抑自己本心的反抗，去实现所有的谎言，而不再反驳："那其实不是我。"

莱特：我记得最清楚的就是有一次，我妈骂我为什么学习那么差，为什么不体谅她的苦心，为什么不好好学习……其实我心里还是有些反抗的："我学习很好啊，我在班里从来没有下过前三名啊。"

于是我跪在我妈面前说："妈，是我的错。我以后改。"

我妈见到我这个样子，变得更加激动了："你改什么改？你天生就是个烂坯子，我都不知道为什么要生下你来……"我脑子里一片空白，跪了一个上午，我心里很害怕，觉得很对不起她。

低下身段对母亲描述的真相进行印证，带来了母亲更加激动的攻击。她步步升级、绝不饶恕。她本来想要世界的反对来证伪她的担心，但她的描述得到了印证。她其实是在投射自己的担心。她很自卑，认为自己"学习差""无能""低人一等，矮人一头""背着学习不好的罪，总是无法进步”……她获得疗愈的方式，就是责怪儿子“学习差”“无能”，并让儿子否认自己的担心，让莱特一遍遍地击垮自己的担心。但莱特妥协了，所以她彻底崩溃了。莱特妈妈所需要的，并不是他的忏悔和祈求原谅，而是反驳，否则就只能攻击他、降低他的尊严和价值，从而降低他的可信性。

但既然这个诅咒（学习差，不体谅她的苦心，不好好学习）已经被双方接受了，那么莱特的将来也就可想而知了。于是，莱特和妈妈共同实现了这个诅咒。爸妈对我们定性的评价，我们无法不当真，即使意识上反抗，也像乒乓球上面被砸了一个坑，很难弹起来。

弗洛伊德小时候，爸爸对他无意间说了一句：“这孩子这辈子恐怕要废了。”于是，他一生都在和这句话进行对抗，他所有的成就似乎也只是在向父亲反驳：“你看，我其实是个人物呢。”他影响 20 世纪的《梦的解析》，在他的自我分析中，原来只是对父亲的一次反击。

弗洛伊德的“乒乓球”弹起来了吗？没有，他一生都生活在不安之中。晚年，他多次要求医生给他安乐死。他有口腔癌，但口腔癌是个借口，那个所谓的口腔癌是他给自己的安乐死且认为自己不是废物的一个借口。求死是最懦弱的，所以极度高傲的他不允许自己有求死的愿望，不允许自己不勇敢。很多癌症都是这么来的。

弗洛伊德不允许自己不勇敢，因为爸爸那句话一直在回响：“这孩子这辈子恐怕是要废了。”所以他必须憋出个癌症来解释自己的躁动，不得这个病也会得别的病。

我们的性格由爸妈来塑造，他们赞许、惩罚，而后我们才有了自己。他们设定的祝福或诅咒永远都不会消失。我们并非强烈地排斥做真实的自己，而是因为在他们面前我们才是最真实的自己。我们的每个细胞都接受和认同他们对我们的规定。

我们永远都忘不了爸妈对我们的评价。如果他们不改口，我们就会

认为那是真的，并去实现它。这就是诅咒和祝福的力量，可悲的是大多数父母只懂诅咒。面对父母的诅咒，我们的认同和反抗其实是一回事，都是去自动执行它。

七岁之前的人格基本上已经固定，如同一张白纸已经写完了这一生的模式。当我们打本心眼里觉得自己不够好，又忘了为什么自己坏，这就麻烦了。我们会自己执行诅咒。

我们不愿意相信爸妈在撒谎，因为在我们眼里，他们不会撒谎。我们愿意看到他们的诅咒成真。我们哭诉他们的不认可，但我们不希望他们是坏的，最起码希望他们不要对我们坏。假如他们认为我们不行，我们就应该不行。如果我们成功了，那就证明爸妈对我们坏，那可不行。为了证明他们不坏，我们去执行失败。

诅咒实现了，说明爸妈预言得准；诅咒没实现，说明他们对我们坏。我们主动选择了前者。面对父母的诅咒，我们只能对自己狠。我们爱的深沉，我们不能相信他们对我们不好。被爸妈诅咒是摧毁性的。我们会自动去实现父母的预言，只是为了逃避“妈妈在骗我”“爸爸对我坏”这个更加残酷的现实。从长远来看，我们的命运总是在沿着父母诅咒或祝福的轨道运行。

我们还想掌控自己的失败。如果失败不可避免，我们便希望跑步奔向终点，仿佛这样就不是完全被动的了。

腾云：妈妈一不高兴就罚我。有时候我感觉好像气氛不对，就自己跪下。仿佛这样，我就是自由的了……委屈是难免的。既然我总是被惩罚的那个，不如由我自己来完成惩罚……那感觉还是挺爽的……

我：如果你自己觉得注定会失败，不如自己奔向失败？

腾云：似乎是这么个道理。

在被要求之前，快一步跑到悲惨的终点，是腾云应对这个不信任的世界的唯一方式。他可以肯定，这个世界并不尊重自己，倒不如先屈服；这个世界会夺走自己所有的一切，那倒不如先奉上……

如果毁灭不可避免，那我们只能化被动为主动，自己做些行为，招来这些灾难，这样看起来，我们就是主宰了自己的被害，我们不是风雨飘摇中无法自控的树叶。同理，受虐狂会把被凌辱当成生活的目标、快感的来源，也就是在世界伤害他们之前求虐或伤害自己，以退为进地掌控自己的独立和毁灭。

接受了诅咒，自我毁灭就成了后天的本能，合适的借口并不难找。与其被破坏，不如自我破坏，掌控自己的被害。掌控是有快感的。

自我勒索

一般的勒索中，我们被逼着去做或不做某件事、成为或不成为某个人、相信或不相信某件事。在自我勒索中，我们明明不愿意，却强迫自己做出某些行为，成为某个人，相信某件事。这完全就是勒索的样子，只是施害者和受害者同时是我们自己。

巴塔塔：我小时候周围人都围着我转，现在好失落，都没人在乎我了。

我：失去，是最大的痛。

巴塔塔：也像你说的，我越来越害怕靠近的关系。

我：谁靠近，谁就是不值得信任的。这是因为，我们内心不安。

巴塔塔：距离，我们其实需要距离。

我：但是人们也需要亲密关系。不然心里会很空虚，感到这个世界的冷漠。

巴塔塔渴望有人陪，于是她主动和周围人保持距离。她使自己和自己的渴望完全隔绝。

萨摩似乎有某种强迫症，不和人乱搞就受不了。她强迫自己成为一个荡妇。

萨摩：我来历大了！我是正儿八经的好姑娘！

我：好姑娘不乱搞。

萨摩：谁说搞男人不是好姑娘？

我：好姑娘不搞自己，好姑娘不伤害好姑娘。

萨摩：……

我：敢于摸自己的痛处的人，不多。你真的很了不起。

萨摩：嗯。

我：你想一次次戳自己的痛处，证明自己并不怕？

“我不怕哎”，让萨摩感觉好爽。她越怕什么，就越喜欢主动去做。她在主动戳自己的痛处，验证自己是否受得了，果然自己受得了，所以她感觉爽。这就像小孩子总忍不住去挠自己的伤口，发现不疼，所以觉得很爽。而且是她自己在摸，不是别人在攻击自己，是自己在求害，所以她有掌控感。

我们都知道，烟瘾、酒瘾等是人体的神经系统和内分泌系统被改变的结果。微量刺激会让神经系统暂时改变，并能恢复，但长期的过量刺激会让身体弹不回来，就像撑大了的毛衣。人会感觉不舒服。这时候会发生什么？看一下小孩子你就会知道，他们会使劲儿继续撑大那个已经很松垮的毛衣。这就是我们潜意识自动的选择。为了让自己感觉不那么不舒服，我们选择加大破坏。我们重复和加大以前的用量，只有那样，身体和潜意识才会觉得爽。

我们强迫自己成为自己讨厌的人，我们强迫自己远离自己的渴望。有一些自然规律超出了我们的理解能力，自我勒索就是其中一种。

从被勒索到勒索

人人都有伤，只是那个把伤外化为攻击的人成了施害者，而把伤暂时压成了内疚、羞耻感、脏感的人变成了受害者。施害者都是曾经的受害者，受害者都会在一定条件下变成施害者。

治疗师不会对咨客的攻击感到陌生。受害者的攻击性都很强，就像一只受苦的鬼魂，一旦感受到温存就会放出心里的魔，勒索医生。被摸到痛处的一刻，受害者会瞬间变成一个受伤的小怪兽，攻击，完成某种未完成的仪式。这是治疗中的角力阶段，很多半途而废的治疗，都是因为医生扛不过去了。

惜弱的母亲一直勒索她，惜弱被勒索怕了，她被迫和母亲决裂了。从小就信仰并依赖的关系，被强迫放弃，换谁谁受得了？受不了也得受!

惜弱好像忽然明白了什么，她好像换了一个人，在感到震惊之余为新获得的自由感到无限欢喜和焦虑。摆脱了被控制的感觉后，她决定学会坚硬，虽然这一开始有一点刺痛的感觉，但慢慢地就变成了理所当然的选择。

和现实世界硬碰硬地着陆之后，成长似乎是一瞬间完成的。她貌似已经摆脱，有一种如释重负的感觉。她顿悟了，她经历了一次空前绝后、旷古绝今的转变。接下来怎么办？苦思冥想之后，他们会自动发现一个新选择——勒索别人。

惜弱：从那一天起我就告诉自己，我再也不允许任何人欺负我……所以我开始欺负别人。哈哈。

她从不敢表明自己的立场，变得维护自己的任何立场，尤其是错误的立场；从不被在乎感受的人，变成了蔑视他人感受的人；从不敢维护自己的情感利益的人，变成了伤害他人情感的人；从不敢反抗压制自己的人，变成了压制别人的人；从被人定义、无法定义自己的人，变成了定义他人的人……潜台词是：“我就这么膨胀，我就这么强。”

她变成了带刺儿的人，见谁扎谁。没有一个勒索者不是曾经的被勒索者，没有一个被勒索者没有勒索过别人。勒索别人会让我们觉得略微好过一点儿。

渴望拥抱的刺猬

一般的恋爱会在有了性接触之后，发生一点儿变化。双方都开始原形毕露，无论男女，彼此都不再畏惧暴露出自己最真实甚至卑鄙的一面。他们不再是恋人，而是至亲。新的亲情的出现，会唤醒沉睡的秘密。他们不再互相攀比做道德高尚的人，而是发火、生气、发泄负面情绪，展示自己最病态的一面。

互相勒索是权力的争夺，对家庭地位的争夺。

巴塔塔和男朋友小图最近在回谁家过年的问题上发生了冲突。问题不在于哪个方案更合理，而是巴塔塔开始攻击男朋友的父亲患有白化病的问题。她说看到他爸就浑身起鸡皮疙瘩。

另一方面，巴塔塔的男朋友火气也很大。巴塔塔和男同学顺路，搭伴去图书馆。他看到了，大声对她说："你身上哪块儿肉我没有摸过？"彼此勒索的两个人就像两个灵魂在互殴，强迫对方就范。他们就像两只渴望拥抱的刺猬，明明想要彼此更加相爱，却扎得双方痛不欲生。

何大伟干脆连伪装也不伪装了，把自己彻底放飞，原来我看不惯的行为，他还懂得收敛一下，现在他觉得没什么！

——小静

小静用升级出轨的方式试探老公的底线，老公最后也开始用出轨的方式攻击小静。互相勒索的双方没有胜利者，只有一个结果：稳定地走向死亡。面对你最亲密的敌人，你的目的是把两者的关系搞得健康，而不是为了掌控他，两败俱伤，最后比比看谁惨。

一个人生命美好的见证，不是心高气傲、独断专行、自以为是地征服对方，而是最后终于有力量放下恨意、心甘情愿地去包容那本"不值得"包容的人。

拒绝疗愈的倾向

大部分人都不会也不愿意为了身心的健康改变自己。这是一个"我需要"，同时是一个"我不想要"。我们拒绝改变现状，我们拒绝正视自己和家人的关系，我们带着长进肉里的项圈全世界逃跑，无法停下来。我们隐隐感觉痛苦，但认为现在这样就挺好，无须改变。拒绝被疗愈的倾向，就是弗洛伊德所说的阻抗（resistance）——压抑改变的希望，抗拒成长，就像我们都怕打针，即使我们知道打针能治好我们。

让我们放下自尊去填补小时候的空白和短缺，是一件多么难为情的事。被自己最需要和最尊敬的人压迫、剥夺、不尊重、折磨过，这感觉不会好。毕竟我们谁也不愿硬着头皮去正视自己少年甚至童年时摔过的跤、受过的辱，努力半天受挫的愿望。那会让自己觉得自己没有价值，不成熟。

戴安娜：我从十几岁开始就在充当我妈妈的知心姐姐的角色，为她排解各种不愉快，一直到现在。可是我现在竟然很恨她。

戴安娜解释不清为什么恨自己的母亲，她也不敢向母亲表达出来，她认为不应该那样，拒绝寻找原因。

萨摩说自己的内心纯净得就像一个花园，但走进去一看才知道，这个破烂的花园落满了灰尘，遮住的枪眼儿比雨点儿还多。她怕别人知道这些自己也理不清的心事，所以把它们隐藏得很深。她一直活得很紧张，但装作根本没问题。

萨摩：那些是我压抑到最深处的秘密，埋葬在一个我都不愿想起来的角落。所以我已经遗忘了那部分自我。

我：敞开你的心扉，打开你的花园，不然我帮不到你。

萨摩：你往里面吐痰怎么办？

我：你有很多秘密，你比我更懂自己；需要什么样的成长，只有你自己知道，把秘密泄露给自己听其实也无妨。

萨摩：我不愿去想。

萨摩的自我分析：

我的母亲很没有安全感，整天提心吊胆。她一紧张就会耍孩子气，忘我地发泄和攻击，以驱散自己的恐惧。但我不敢说，我学会了装和憋着。我必须在她面前虚构出另一个我来，谨小慎微、战战兢兢、虚假地生活。

她是游戏规则的制定者，她写好了一个剧本让我来演。我学会了扭曲自己真实的情感努力配合，只有这样才够安全。我不敢哭也不敢笑，不敢生气，甚至不敢害怕，我越来越懂得把自己藏起来，最后都认不得自己是什么样子的了。

我们感觉那个被攻击的、被忽视的自己是羞耻的、虚弱的，甚至血淋淋的，把它从潜意识中捞出来，如同从臭水沟中把另一个自己捞出来，那是多么残酷的现实啊。我们选择不去理它，仿佛那个自己根本就不存在一样。

无视就是真实的存在，撕掉的历史才是正文。经典的催眠模式中有这么一幕：植入“椅子不存在”的暗示，受术者也看不到房间中的椅子，但来回走动时会自动避开。对于被勒索者来说，看不见的才是真实的存在。

我们无法正视血淋淋的自己，因为我们真的在流血。小彤最近流产了，身体的疼痛让她所有精神上的折磨也一并发作，但她真的没有力气现在就面对曾经的折磨。她现在需要平复的，是小产带来的身体虚弱、神经症性的紧张、未婚先孕的社会压力、男朋友的隔离、未来公公的不认可、父母的攻击、道德舆论的压力……

萨摩：（我）惧怕真实的自己被爱，甚至惧怕真实的自己被看见。

看到曾经被伤害的自己，是一件多么困难的事啊。纯净花园变成了永远不会照进阳光的死角，就像长久没有打扫的角落。有一些丑陋连自己都不愿意想起来，这才造成了我们灵魂的孱弱。那个“我”不存在。

如果脸疼，可能是毁容了；灵魂疼，因为我们的灵魂破了相。灵魂破了相，可不像补个妆那么简单，即使我们有这技术，也干不了，因为最难过的那一关，是照镜子。我们如何去面对自己灵魂破了相的事实？只能是竭力遮住它。

错位替代，二次伤害

被迫和勒索者分开之后，我们并不会直接开始疗愈，而是寻找可以替代他们的人，我们会寻找新的情感来弥补曾经缺失的情感，并屡屡受挫。这造成了很多二次创伤，直到我们忘记了原始创伤，只记得后来受到的伤。

萨摩总是隔空和初恋男友争个长短。

萨摩：我每天都细数自己的伤痛，一遍遍自己舔，就跟狗一样。

我：然后，就像狗一样，就不疼了？

萨摩：缓解。

我：同时加重。

萨摩拒绝正视和爸爸、妈妈的隔阂。方向错了，不仅耗干了心力，而且加重了她的问题。只有在催眠中，萨摩才想起自己的伤原来不是爱情。

萨摩：我都无法引起你（父亲）的担心了……我不！我还没做够女儿，突然就成了大人，多么伤心的一件事。

但她醒了之后的反应，却拒绝正视过敏源。

萨摩：我说过的话我记得，但我真的不想谈这事儿。

被自己爱的人爱和珍惜能够滋润我们的骨髓。当我们不够温暖，就会爱上另外一些人，希望他们用爱来温暖我们。我们邀请他们进入自己的心房，分享我们最不为人知的秘密。看到对方的全心全意，就是我们的疗愈。我们幻想有那么一个人能够感受到我们的鼻酸，我们也敢在他面前流泪。被温柔的人摸到心灵，真的是件很令人感动的事情。

我：所有的成功都不是成功，如果没有人与你分享欢乐。

拉布：嗯。

我：所有的痛都会消失，只要你在乎的人关心你的痛苦。

但是危险出现了，危险出现了。我们最深的伤痛，埋藏在最幽暗角落的伤痛（无力、脏感、耻感、恐惧、悲伤……），被我们邀请进入自己心房的人无视了、践踏了、利用了……我们更疼了。

文霞：一个男人真的爱上你时，你会发现：咦，多了一个爸爸；一个男人假爱上你的时候，你会发现：唉，多了一个儿子，而且还是个逆子！

能够替代父母之爱的，是另一份真挚的情感。爱情让我们把对方视作自己的亲人，可以弥补父母在我们心里的丧失感。恋爱都是在找爸或找妈，我们都在寻找自己的疗愈，不幸的是大多都以失败告终。

我们把爱上的那个人，美化成了可以代替父母的人，然后被再次伤害了。懂得这个道理需要时间，我们平均要失恋七八次才能最终学会两性之间健康的相处模式。

很少有热恋期还没过就分手的人，鱼水之欢常常是转折点。很多患者都从婚前性行为（或婚内出轨行为）开始出现病症的。第二天，新鲜感可能还没有散，但我们很快就会发现，双方的关系不是变好了，而是变质了。我们把彼此当作了家人，但他们却没有带来我们想象中的温暖，我们失望了，所以开始勒索对方。而如前所述，勒索会摧毁任何关系。

朋友关系与此同理。弗洛伊德一生在不断重复同一个模式：交到好友，然后分手；换个好友，然后分手；再来个好友，然后分手。不管是阿德勒、沙利文还是被弗洛伊德视为精神子嗣的荣格。

疗愈貌似只有半步之遥，实则相隔千里，各种尝试都走到了错误的位置。每个人都会变成勒索者，尤其是当我们爱上彼此之后。不是我们在勒索他们，就是他们在勒索我们。我们幻想恋人、兄弟是我们的药，却被别人当作了药。

人人都有病，都有负能量需要发泄。如果父母都没有办法给我们想要的感觉，恋人、朋友怎么可能做到呢？只有一种人能够做到：治疗师。除了这个专门的职业，没有人愿意且能够代替爸妈去疗愈你的伤痛。没人能给你你想要的那种宠爱，没人能给你你想要的那种温柔。

真正的治疗师还有个先天的素质，就是你想要我的时候，我就在，你不想让我进来的时候，我就保持一定的距离，但只要你想让我靠近，你会发现，我一直离你不远。这个过程，有时候会持续很长时间，但也许正是你发现“我想爱的时候，他就在”的温柔，才是最疗愈的。我一直在门外，等着你开门。只要你还没确定我是百分之百安全的，我就连敲门都不会。你会慢慢知道，外面有个人，他没有敲门，但他在门外。这种不强迫的爱，才是瘦弱的灵魂所需要的。可这种本领，在自然界中是逆天的存在。生活中的人，没人能做到。在大千世界寻找这样一个人，随便把男女朋友或其他人当成这样一个人，太危险了。

斯人若彩虹，遇上方知有。

——戴安娜写给我的诗

小彤向未婚夫交代自己以前去做过人流，因为她忍受不了自己的“负罪感”，怕自己的过去会玷污两人之间纯洁的爱情。

小彤：我珍惜他对我的这份珍惜，所以我无法忍受心里藏着这样不光彩的过去。我祈求他的原谅，如果能得到他的原谅我什么都愿意。我必须向他坦白，否则我就觉得自己不够坦诚。我们俩都打算结婚了，难道我们不该彼此坦诚吗？

然后呢？其实不用我说你也猜到了结果。这就像那个早晨刮破下巴的驯兽师，把头伸进狮子的嘴里。未婚夫不把她当人看，想必正是因为这件事。

任何关系都有自己的距离，拥有自己的秘密与互相猜忌无关。人人都要有自己的空间，完全袒露是不必的。小彤把未婚夫看成了理想化的一个存在，拥有她理解中所有的美好。她急着给任何一届未婚夫看自己的伤口，结果人神错位，就像任何脱臼一样痛苦。

值得注意的是，好几次了，小彤仿佛是在故意找错对象。其实她太着急的事情不是真诚，而是疗愈。她需要他们作为药。她知道，只要未婚夫原谅自己，自己就能得到疗愈。但一般的猛药——一剂下去，一辈子的病都没了——都不是什么好药。小彤太痛苦了，她太希望一剂药下去就能痊愈，所以注定一次次受到伤害。

缺爱，我们就会寂寞，寂寞让我们特别容易感动。感动让我们爱上其他人。但在长大后的世界里，动情似乎更加危险。感动就会依赖，依赖就会被伤害。被依赖的人，会攻击依赖他们的人。

而且二次伤害似乎比原始伤害更加严重。我们赶紧收缩伤口，告诉自己：以后再也不可以打开了。凡是走进我们心里的新人，似乎都伤害过我们，不管是恋人还是兄弟。每个人都有心魔，遇到比自己更加柔软的灵魂，总想打两拳试试手感。让人痛苦的不是痛苦本身，而是把痛苦拿出来给人看，却被人不停地刺激甚至利用。而且，这个人是我们允许他进入内心的人。如前所述，没有人能伤害我们，除非我们爱上过他们。

啊，爱上别人实在太危险了。我们都曾经多次疗愈自己，无不以失败收场。敞开最弱的地方，却唤醒了他人攻击的欲望，所以我们怕了。

拉布：因为我们都太渴望幸福，太渴望被爱，但又都失去了爱的能力。我们能互相给予的太少。

所以，我们下定决心闭上心房。柳飘飘为什么宁肯装作很潇洒地走开，也不敢接受尹天仇对她说的那句“我养你啊”？因为，以前早就有人跟自己说过这句话了，然后没有被养啊，而是被那个曾经答应绝不辜负自己的人辜负了。疼啊，疼得我们不敢去爱了。我们宁肯相信，感受到的被尊重、被许诺、被疼爱等，都是套路，都是假的，自己并不在乎，没有需要。

努力的方向错了，越努力越倒霉。

我：蝈蝈叫，是在找伴侣，你把它关在笼子里，它可不就叫呗，期盼能找到。

戴安娜：对啊。

我：残忍的人类。

戴安娜：它以为只要卖力叫就行。

常年的痛苦会变成其他的东西，就像高烧不退会转化成肺炎。几十年的焦虑、抑郁和恐惧，高能量的灼烧，会把人的灵魂烧成什么样，我们很难想象。

命运模板，自动复演

大部分的人到二三十岁的时候已经成长起来了，但也有大部分人已经死去，为什么？因为在随后的人生中，他们其实都在不断地机械地重复着自己，甚至越来越荒诞走板地重复着自己。

——约翰·克里斯多夫

毛毛妈受不了了，因为毛毛爸总是恐吓和威胁自己。她跑掉了，嫁给了一个出租车司机。不幸的是这个男人更凶，甚至打聋了她一只耳朵。她一遍遍地轮回，用自己的生命反复演绎着同一个戏码。她的命运就像有一个模板，她的命运从未改变，每个轮回都一模一样。在每个轮回里，她都再次为了解脱而来，但每次她都没能获得想要的东西。

毛妈：我的命太苦了。

我：凶狠的男人，是不是在你的眼里，有天然的吸引力？

毛妈：不，我害怕那样的人。

我：你怕谁，就想让谁爱你？

毛妈（经过将近一个世纪的沉默）：好像是那样的。不让我害怕的男人，我会瞧不起。

勒索者选择针对或欺负我们，肯定和他自己的经历和创伤有关。比如伤害他的是母亲，他就会对比自己大几岁的女性着魔，对其进行取悦或勒索。与此同时，我们总有某些特征或反应模式，为畸形的关系提供了理想的条件，鼓励他们在我们身上试试，并屡屡得手。这种特别的征兆和模式，让我们换到任何环境都处在受害者的位置。

正如碳能吸附水或空气里的杂质，粉条能吸收各种香料汤汁，宛若无论去哪儿都能碰到坏事儿、坏人，仿佛出场就自带背景音乐："来吧，来吧，我真的很好勒索。"

宛若：所有担心的事情都会发生，而且最后发生的一定是最坏的那种结局。好多善良的人，面对我，会突然想欺负我；本来很和蔼可亲的一个水果店老板，就是跟我多要钱，说话也不客气。甚至，两个人在打架，我去帮助那个被欺负的，于是，两个人联合起来，一起欺负我……

我们似乎生活在一个机械运转的世界里，人人都苦，且不由自主地维持自己的苦。所有的不由自主加起来，就变成了不由自主的命运。

世界上很多事情都是不由自主的。好像存在另外一个自己，有另外一套逻辑，在主宰我们的行为和命运，而它那套逻辑似乎更有力量。

我：真正让人变好的选择都不会太舒服。

戴安娜：的确如此。我们离不开自己的舒适区，那里感觉熟悉。不熟悉就会不安，成功也是这样，幸福也是如此，勒索和被勒索也不例外……

每个人都可以写一部《我的前半生》，而且每个人的故事里，都有几段自动掐掉或弱化的情节，不能给人看，自己也不看，这叫删节版。

拉布：我就是嫌我爸妈要的孩子太多，孩子多自然照顾不过来。

我：失宠。失宠的感觉不好，恨……

拉布：没到恨那么严重，你想多了。

被删掉的章节并未消失，而是埋进了肉里。删节就是压抑，压抑会让灵魂发生扭曲。历史里被撕掉的那几页，也许才是真实的历史正文，真正的历史逻辑。

毛妈被催眠了，她终于想起来了，为什么自己总喜欢凶恶的男人，因为父亲真的好可怕。

我在做作业，我斜眼打量着这个男人，他好高、好帅……爸爸突然大吼一声“过来”，我从椅子上跳了起来……

对于任何人来讲，其生命的整个轨迹都不偏离他们的模式，我们的整个生活都是围绕着自己那份创伤设计，这个威胁自己的父亲成了她所有丈夫的模板——高大、威猛、凶狠。

到底发生了什么事，让一个父亲恐吓自己的女儿，这是不知道的，也是不重要的。重要的是，他吓到了女儿，女儿很委屈，而女孩都把父亲当作理想丈夫的标杆和模板，就像男孩都把父亲当作一生的英雄或者最大的敌人。

萨摩忘了，她一生都在模拟一个环境：战胜一个人，祛除某种恐惧。每个男人都让那个男人的影子瞬间复活。为了不害怕，她学会了滥交，触碰那个假装已经痊愈的伤口；她爱上的男人，被要求不要碰自己。

断手断脚的痛，岁月也能让它慢慢过去，但很多伤害却不会自动消失，只能自行删节，假装没有过。假装没有的那部分内容，才是真相。

红丽：不能提他（父亲）。

我：哦？

红丽：一提到他，我就心里打战。

我：我知道，你不提起，不说明你不在意或已经忘记……

红丽：我一害怕，就好像又见到了他。

掐掉的片段里，充满了一个个惊心动魄的故事。省略的片段都是重大事件，那一幕一直活着，它们根本没有消失过。我们以为它们消失了，但它们在记忆的角落里，不依不饶，诉说着全部的待续。只是我们不敢正视。异类都沉睡在了某个年纪。

那些片段并不会很长，几秒钟就够了，因为心理上的时间，一秒钟就可以延长成一个世纪。这一下子就要了命了，我们永远沉睡在了犯罪现场，固着在那个年龄。还记得那个琥珀和蜘蛛的故事吗？一个被封存在某个年龄从此不再长大的小孩，他卡在了那里。时间非线性存在，过去与现在并存。没人知道他卡在了那里，包括他自己，但他就卡在了那里。那个封在琥珀里的小孩，寂寞、空虚、害怕……被卡住的自己需要被人看见，他需要长大了的自己看见自己。

被撕掉的篇章是真正的硬伤，那是我们命运的模板和我们所有“由不得自己”的源泉。那些被撕掉的瞬间超越了时空，瞬间成了永恒。另一个我停留在那个忘记了的瞬间，只是这一个我不知道。

早年的重要经验，造成了我们坚定的信念和行为模式，它有确定的回归模式。我们总会回归这一幕，在睡眠中做着噩梦，在潜意识中编织着自己的命运，不知不觉地翻阅着被删掉的情节。其他的章节，任何人都可以看，只有这几幕不能展示给人，自己都藏着掖着好像根本就没有过。所以，它才真实。

很多人都知道，狍子一般跑不了，一棍子没打死它也不用担心，它一会儿就会屁颠屁颠地跑回来看看，刚才什么东西打得它那么疼。另一个“我”都有“傻狍子”的属性。从某种意义上讲，不管你承不承认，我们都是傻狍子。

天阳妈总是在诉说老公的不义，这好像就是她的创伤，但其实不是。能给人看的，都是自己已经能掌控的。父亲的死和表哥娶妻的那一段，她都想不起来了。

惜弱：我梦到过一个鬼，很恶心的那种，眼睛里是空的，还咧着嘴冲我笑，吓人。

我：男鬼还是女鬼？

惜弱：女鬼。

我：是不是跟你妈很像？

惜弱：……

我：怕女鬼的，是被妈妈吓到过；怕男鬼的，是被爸爸吓到过。没被吓到过的，不怕鬼。

恐怖片里，最可怕的鬼都是带着笑的。微笑的可怕生物，除了爸妈的变体，能是谁呢？

我发现一个很奇怪的现象，大部分案主，无论年纪，无论男女，看起来都比实际年龄偏小，而且皮肤白皙。

第一次带小彤去上课，陆小英老师笑眯眯地看着我说：“你还好这口儿？”

“我？我怎么了？”

“迷恋幼齿啊……”

我 30 岁，小瞳看起来很像十几岁的中学生。其实小瞳 34 岁了。小瞳喜欢梦露，典型的娃娃脸，永远长不大。

其实，除了玛丽莲·梦露之外，贞子也永远年轻，皮肤白嫩光滑。她的身体没有随着年龄变老，而是沿着时间顺延。

人既是身体的又是灵魂的，身体是可见的灵魂，灵魂是不可见的肉体。灵魂的真实会变成身体上的真实。当我们的灵魂出现什么问题，身体就会用自己的方式来提醒我们。灵魂不再成长，身体才会拖延生长。梦露也是这样，她的创伤让她永远停留在了那个年龄。停止成长的状态，叫“停滞”。灵魂的停滞让身体保持年轻，拖累了身体发育的步伐。

我：恕我直言，你真的很美。

萨摩：嗯，我就是这样。怎么晒都晒不黑，怎么吃都吃不胖。

我：太瘦，是焦虑值太高的缘故。内耗太多，就像机器，内部磨合不好，费电。

萨摩：您好像不太会说话。

我：白是因为……

白是因为照不到阳光，所以不健康。阳光照不到的肤色是什么样的？军训的时候，有个女生受到优待。她戴着墨镜训练，教官说“你别戴”，她任性，她不听。结果大家都晒得很均匀，而她晒成了白眼圈。

打不开心房，灵魂就照不到阳光，同样会反应在身体上——自带僵尸妆。她需要创造出脆弱的肌肤，来解释对人际关系尤其是亲密接触的抗拒。

不会发胖，因为内在的躁动消耗了大量的能量。他们就像一台旧机器，内损搞得他们筋疲力尽，所以不会有太多的能量储存成脂肪；而他们还一般都吃不多或消化不良，所以也摄入不了多少能量。这种瘦让他们表面看起来都比正常人要好看一点儿。

即使他们一个人待着，脑子里也是翻来覆去地纠结着。而我们知道，大脑虽然重量只占身体的 2% 左右，但平均会消耗约 20% 的身体能量。这是平均数据，那些控制不住自己纠结的人，每天都马力全开，消耗的能量也会翻倍地增加。

停滞在某个年龄，是因为有创伤；创伤会让人满心绝望，笑起来也寂寞和勉强。但我们希望把这种残缺，理解为“我心里就是一个孩子啊”或者“30 岁之前一直觉得自己是青春期”（诺斯）。

创伤让心理时钟走慢了或停电了，我们被冻在了那个受伤的年龄。“谁心里还不是个宝宝了”并不像我们想象的那么美好。

Chapter 5
那些咄咄逼人的勒索套路

只要有隐忍的情绪（怒火、焦虑、不安全感等）需要发泄，任何东西都可以成为勒索的道具。无论是你对勒索者的尊敬、敬畏、同情、依恋，还是对自己的怀疑，都可以被用来惩罚、操纵和攻击你。情绪会自动传递和制造真实的信息：威胁、贬低、恐惧、委屈、内疚等，但大量的信息会浓缩在一起，让我们在纠结中不知所措。我们需要分解一下，才能看清真相。比如这句话：

你这样下去可怎么办啊！

我把女朋友送走后，母亲这样对我说。一团乱麻一样的信息隐藏在这一句话中，我们分解如下：

首先，在母亲设置的宇宙里，我是小的、弱的、在做错事，我不知道自己需要什么，而她知道，她比我更了解我的需要。

贬低的信息会引起我的恐惧、紧张和压力。

接下来是她的指令：跟她分手！

然后有一个“否则”的后果：否则我的世界会变得很糟糕。

最后也最重要的潜台词是：“你要感恩有我这样一个妈，你要责备自己为什么总爱犯错，如果你委屈，那是假的，如果你纠结，那你就更错了。”

我们不如把这两百来字概括成连续的五个步骤，总结出一个总公式，分解所有的勒索信息：幻化出一个世界（朕如何如何，你如何如何，宇宙的规则如何如何，对应上面的第一句分解），制造情绪（恐惧、紧张、压力等，对应上面第二句），发出指令（要服从），补充“否则”的后果（否则 / 小心如何如何），最后传递这样的信息：“你要感恩、自责，你的委屈是假的，你的纠结是错的！”

如果我们把前面分解出来的勒索信息用五个叹号重新陈述就是：

“‘朕’伟大，你无能，你的世界‘朕’做主！恐慌吧！要服从！否则‘你这样下去可怎么办啊’！你要感恩并自责，你的委屈和纠结是假的和错的！”五步并作一步走，是勒索者惯用的伎俩。这五步信息浓缩在了一句话里：“你这样下去可怎么办啊！”

施压有很多种类型，勒索者在拓宽自己的戏路方面还是非常执着的。把各种类型的五个步骤都列出来，会让我们把事实看得更清楚一些。

封魔：见谁灭谁

阿然：那个阿姨上来就把她女儿夺走了，让我离开，还讽刺我“怎么那么色啊”。这句话我永远记得。

我：你才五岁，你怎么知道啥叫好色？

阿然：我不知道啊，所以我骂了回去“你才色呢！”

我：啊哈，那不进套了？

阿姨骂他“色”，在她变出来的小宇宙里，游戏规则是“色”与“不色”，而她是女的，不可能色。在勒索套路里，出招的人有天然的优势，妄图在对方设置规则的游戏里获胜，是不可能的。勒索者之所以会设置这个准则，乃是因为她有天然的优势。勒索很像要诈的赌局，只要你继续玩下去，就没有不输的道理。

小孩子玩游戏的时候，经常由一个大孩子设置标准或者规则：“咱们看谁扔得远！”“咱们看谁长得更高！”他们为什么设置这样的规则？因为在这个规则内，他们有天然的优势。在他设置的小宇宙里，按照他的标准，他总能赢，所以才乐此不疲。

严格来说这个故事不是“情感”勒索，而是一般的情绪攻击，也就是羞辱，但它比较典型。

阿然五岁的时候，好奇邻居家的小孩是男是女，看了看她的阴部，结果阿姨骂他“色”，对他进行羞辱和贬低，在他身上贴了一个标签，封他为“魔鬼”。

她在转嫁自己的焦虑，用攻击进行发泄，套用五叹号公式就是：“你好色，朕伟大！恐惧吧！你滚！否则我继续羞辱你！你要感谢我的教育，你要责怪你自己，你的委屈和纠结是假的和错的！”这五个叹句的内容浓缩成一句话：“你怎么那么色啊！”

直接攻击的潜台词或惯用语包括：“你坏！”“你错！”“你不行！”“你会变得很惨！”“小心我打死你！”“你这样会饿死街头的！”

高段位的攻击都很隐蔽，背后隐藏着“圣恩”的信息。他们为你找到一个合理的解释，他们给你一个悔过的机会，悲天悯人地俯视你，包容、体贴、轻视。

你中邪了？

你是在害自己。

你那么胆小，怎么照顾好自己？

你在给自己使绊子，拖自己的后腿。

我真不愿意相信你变成了现在这个样子。

我原谅你只是一时糊涂，你都不知道自己到底在干啥。

有些帽子扣得不能不说高明，夹杂着虚假的赞美，操控的目的只有细究才能认清。我们无力去拆穿那半句谎言，因为不切实际的赞美实际上最难反驳。

我看错你了！（潜台词：你可以正确，看你的选择了。）

一个像你这样有素质的人，可不应该那样做。

我知道自己对不起你，你那么慷慨的人，怎么会为那点儿小事儿耿耿于怀呢？

封神："这是抬举你，你要识抬举。"

封你为神："你是'救世主'，所以要牺牲！"

小时候看《封神榜》，感觉很奇怪：为什么坏人都封了神？原来所有人都不愿意上封神榜，但你榜上有名，你不上不行。咄咄逼人的气势具有极强的隐蔽性，"你是'救世主'，所以要牺牲"！

把房子卖了吧，算妈求你了。你一向很疼你弟弟的。

惜弱的弟弟欠了债，母亲要她卖房子替他还债。套用五叹号公式就是："'朕'是弱者，弟弟是弱者，你是救世主，救世主有自己的义务！内疚吧！要服从！否则你自私！你要自责，你的纠结是假的，你要感谢我赋予你价值！"

惜弱本来想反驳一句："我疼弟弟就得卖房子吗？你怎么不卖啊？"但转念一想："我妈好像没房子可卖啊。"她也不敢说："为什么不卖他自己的房子？"因为她知道妈妈肯定很无言——爸爸、妈妈、弟弟、弟妹、侄子都住在那里。没毛病啊。

封神者的操纵手段就是他们惨，而我们无私、伟大，有爱心、有同情心，有伟大的牺牲精神。救世主是牺牲者的典范，勒索者逼迫或诱惑着我们成为这个伟大的人。他们让我们相信，只要我们能够像一个伟大的救世主一样，就能让他们不再痛苦。他们需要我们伟大，我们必须高尚给他们看，否则我们就是自私的，我们错了，因为我们眼睁睁地看着他们受苦而无动于衷。

封神者貌似把我们抬高了，但其实是他们在利用我们，利用我们的牺牲精神来攻击和抵消我们的独立意志，强迫我们变成他们意志的木偶。

有一次成功，封神者就会一步步训练我们成为他们理想中的牺牲品，步步紧逼——既然前面已经付出了那么多，再多走一步也无妨。他们会

成为靠我们的救世主情结吸附在我们身体上的寄生虫，不仅黏住我们，而且企图控制宿主。一旦他们无法再勒索成功，翻脸比翻书还快，这是封神者最不光彩的地方。惜弱的母亲拒绝惜弱再叫妈。

月华：她（一个闺蜜）总是打电话给我。她想跟我说事儿。（那天）我手里还有活儿，还得停下来听她唠叨起来没完。

月华的闺蜜总是消耗她很多的精力。她很悲伤，她需要她。月华实在受不了了："好朋友就得天天跟你这么耗着呗？"哭泣的声音传来，信息很明确："好朋友就该这样啊。"

健康的人际关系以一定的距离为前提，无缝衔接是神与人的关系。闺蜜很悲伤，她封月华为自己最好的朋友，她要拉近和月华的关系，甚至胜过丈夫、儿女。闺蜜索要的是月华的精力和时间，所以朋友成了一个负担。她很烦，又不敢烦，所以很为难。

封神者的生活往往不会因为我们的牺牲而变得更好，而是变得越来越糟，越来越需要我们。惜弱的弟弟很快又欠了一笔赌债，比上次翻了好几倍。惜弱又该去借债替弟弟还钱了。

哭丧着一张臭脸的封神者侧重三个方面的信息："'朕'是弱者！""你是'朕'的救世主！""你要为'朕'做出牺牲！"

取悦的诱惑："你是很厉害的！"

做救世主的感觉很好。封神中隐藏着很多诱惑，封神者善于取悦他们封的神，被封神者很受用。

月华的闺蜜：只有你最有耐心了，能感受我的痛苦。这个世界上只有你能帮我。

潜台词是："你是很厉害的！"这是隐藏的恭维，最到位的赞美。如前所述，暗示信息总比明示信息更有力量，夸得越隐晦就越能取悦对方。月华承担了哄闺蜜的责任，为她的快乐负责，乃是因为月华先被取悦了。月华在被赞美。

另一方面，被封神者心里也在夸自己。救世主是被人需要的，他是被人感谢的，他是有力量的……这一切都充满了诱惑。我们缺乏的任何一样，都会成为我们主动被害的原因。如果我们缺乏自尊，慷慨无私就能证明自己是了不起的；如果我们内心空虚，有被需要的需要，帮助别人就能体现自己的价值，证明我们是慈悲、善良、高尚、无私、有力量的，甚至是伟大的，我们被人需要着。帮助他人的感觉其实挺好，被人依赖的感觉更好，我们被人需要着，我们很受用。没有节制的善良往往是因为自己在某些方面的缺失。

我：善良，就是不主动去伤害他人。

拉布：嗯。

我：再多一点，不是病，就是恶。有人来犯，比谁都坏，这是善良。有人需要帮助，不帮，这也是善良，因为有时候，魔鬼会化作弱者。在没有辨别能力的时候，不去帮助弱者，这也是善良的一种。不主动去攻击他人，不被人迷惑，对所有的磨难和波折怀着一颗感恩的心，这就够了。

拉布：嗯嗯。

被勒索者臆想自己很重要，是被人需要的，是被人赞美的，但充当解救世人的角色，可不是什么好差事！勒索者知道如何试探出我们性格中的软弱和需要。掌控是有快感的，当勒索者能够让我们牺牲，满足自己的要求，勒索就会步步升级到不可收拾的地步。

封你为龙："我们家穷，全靠你了！"

听邻居小迈的父亲讲这个"迈"字："我们家穷，希望从他这代开始能够迈开去。"我就知道，他八成考不上重点高中了，虽然他平时一直都是学校前三名。

把小迈还没有能力去承担的责任、义务、愿望套在他头上，就像让一头小牛拉着一辆大货车，这头小牛必然不再生长。农村把很小就干重体力活所以长得很矮的人，叫“压住苗”了。灵魂也可以被压住苗，只是更加隐蔽而已。

小迈爸妈有更高的追求，他们希望孩子能够替自己去做一个更崇高的人，他们封他为自己的替身，把孩子当成了自己的延肢，套上了一个自己无法完成的重担。

但小迈很愿意被寄予过高的期望，因为他感觉到了被封为龙的快感。不错，愿意超出自己的能力为家里分担是一种美好的愿望，但那不是孩子所需要的，更不是父母应当分配的。我们都是在父母撑起的一片天空下，跌跌撞撞地长大，重压之下，怎么会有健康的灵魂？

封神勒索也在完成能量的转移，它剥夺一个蹒跚学步的儿童的能量，他已经被迫停止了生长。从起这个名字开始，这个孩子基本上就算已经废了。

在望子成龙中，能量是如何转移的呢？像普通的封神者一样，父母内心残缺、空虚。爸妈有自己的需要，他们感到世界的冷漠或感到自己的不足，他们需要填补。他们需要能量。像普通的被封神者一样，小迈感到了难言的欣喜、痛苦、压力的混合体。他觉得自己不优秀就不配活，只要来一次失败，他的精神就会滑入深渊，沉入焦虑抑郁状态，无法恢复。他的能量弱到禁不住任何磕碰，“望子成龙”是伪装成祝福的诅咒，而且很灵验。

自封为神：“这都是为了你好！”

最好的亲人，是无私又知道自己无私的人；其次，是自私又知道自己自私的人；最差的，是自私却相信自己无私的人。最后一种人的惯用语是：

这都是为了你好！

假如接下这句话来问："怎么为了我好？"勒索者的话匣子就会打开了，而在他们的世界里，你永远没有胜诉的可能，因为这句话隐藏着两个贬低的信息：第一，咱俩智商、眼界不在一个水平上。第二，咱俩的善良不在一个水平上。超智又超善的是什么？神。这句话是自封的神在俯视比他们差无数等级的人。

自封为神的人，好像总是在用自己的智慧在为世界做贡献，谁不让他们做贡献，谁就有罪。但这种"贡献"只是有个好听的名字，其实常常是要求别人牺牲，满足自己都意识不到的某些私人目的。他们认为自己有权力也有能力主导宇宙的秩序。

套用五叹号公式很简单："'朕'超智且超善，你脑子不行！羞愧吧！要服从！否则会发生不好的事情！你要感恩和自责，你的委屈和纠结是假的，你要感谢我！"

其他措辞还包括："我为这个家付出了这么多""只要你愿意，我怎么样都行"等。

神旨肯定是惜字如金的，自封为神者同样如此，他们很会藏话，很难亲口说出自己的伟大，虽然他们在任何时候都想表达这个意思，但又总是不好意思说，他们会找一个貌似合理的机会阐明这一点。在他们眼里，他们的伟大是毋庸多言、不证自明的。潜台词是："'朕'就是这么伟大，'朕'就是这么强，但'朕'低调，'朕'不说，你要领会精神！"

残他："不管谁有问题，那都怪你！"

你走了，儿子可怎么办啊？

这是张品用来威胁阿广的话。阿广要去进修，妻子死活不愿意。套用总公式："宇宙需要你！压力起！要服从！小心宇宙会变得很糟糕！

你需要自责，你的纠结是错的，你要感谢我这么顾家！”

残他者一有不如意，就会有什么不好的事儿降临在第三者身上，但他们往往在捏造事实和因果关系——儿子为什么会发生不好的事情？而且原因是父亲去进修了？

张品要达到的目的，不得而知。我们知道勒索者一般都言不由衷，说出来的理由都是搪塞之词。我们可以猜：她怕阿广升官发财后会瞧不起自己，自己的家庭地位会降低；她怕阿广能力和权力提高后，自己无法再像以前控制他一样控制他。诸如此类。唯一可以排除的原因，就是她明说的“儿子可怎么办啊”？

残他者很难对付，他们会去实现自己的糟糕预言，并捏造因果关系，把自己亲手实现的恶果强加给受害者承担。假如阿广不听话，很容易想象到他们儿子会发生不好的事情，而原因就是阿广不在家。

张品的类似用语还包括：

你为什么要毁了这个家？

你会让你妈伤心死的。

自残：“朕会有问题，都是你害的！”

你要不爱我了，我就去跳河！

假如你接下话茬“千万不要啊”，那就死定了。在勒索者看来，这说明你已经被吓到了，接下来的灾难就不可避免了。

自残者用威胁自己来达到控制对方的目的。这句话套用五叹号公式就是：“朕要你爱朕！恐慌吧！爱我！否则朕会发生非常不好的事情！你需要自责，你的纠结是错的！”

用威胁自己的方式来达到目的，叫作“苦肉计”。他们把刀指向自己，一有不如意，就会有什么不好的事儿降临在他们身上，还把原因强加给你，让你充满内疚、罪恶和恐惧感。

自我伤害是情感施暴的掩饰策略，目的是强迫别人服从。

我会难过死的！

我不会假装你没有伤害过我！

我都快被你气死了！

我都为你感到害臊！

割裂：“你将失去朕！”

拉布：她（女儿）一不听话我就不理她。我已经两天不搭理她了。

我：你那叫被动攻击，剥离自己，造成情感距离，对对方进行惩罚。表面的信息是，“我又没强迫你做什么”，内心的话是“小样，我治不死你”。

拉布：就是这样！就要这样！

我：这种攻击策略，只对在乎你的人有效，令人有掌控感，觉得爽。

对割裂者表达：“我需要你。”最后的结果只能是“呵呵”了。既然我们需要他们，他们就懂了：已经完全操控住我们了。

冷漠是家人之间最强有力的攻

击手段，尤其是对依赖父母的儿童来说，情感隔离会让我们感觉窒息。

割裂者会剥夺我们最需要的东西——他们自己——进行被动攻击。他们剥夺了对我们来说很必要的东西，造成情感饥渴，让我们渴望他们和我们拉近距离。我们一下子就成了一个被爸妈晾在一边的小孩，感到空虚、手足无措，我们渴望他们跟我们说话，不要不理我们。

套用总公式是：“朕不理你！压力起！要服从！否则你将失去妈妈！你需要自责，你的委屈是假的，你的纠结是错的，你要对我的存在进行感恩！”

“非暴力、不合作”是印度的圣雄甘地对抗英国统治者的策略：“我们玩儿我们的，你们玩儿你们的，我们不闹腾，也不理你们。”这是外族入侵时的策略，不是家庭关系的常态，既然不是常态，那就是变态喽。

自残和割裂可以统称“自我绑架”。

沉默：单向的心有灵犀

沉默和割裂有些重叠，但这个套路很值得拿出来单独讨论。

我们上面总结的几种勒索套路，大多都有语言作为载体。但最有效的操纵，却是啥也不说，他们像不会哭的婴儿一样沉默。

她的每一声长叹都让我心惊胆寒。我会不自觉地把一辈子做过的所有事情都梳理一遍，看自己到底做错了什么，她在恨我什么。

——宁宁

总公式中的内容都变成了省略号，但五个叹号仍然还在，所以情绪和压力异常强烈。一方在威胁、指责、惩罚，一方在恐惧、内疚、自责、纠结，但到底为了什么却成了谜。

当沉默和自我绑架（割裂、自残）相结合时，勒索的力度非常恐怖。

这感觉就像一个人撞到了墙会心生恼火，但恼火无济于事，反而会让施害者进一步收缩，更加沉默，甚至开始自残。家人的自我绑架很棘手，沉默则雪上加霜，我们的心会一下子跌到冰点，因为我们不知道到底怎么了。既然丧失了具体的要求和内容，所以看起来，折磨似乎成了唯一的目的。这可太可怕了。

沉默的自我绑架者最让我们无计可施。一个幽怨的眼神、一声长叹、一个摇头、一扇关上的房门、一个沉默的背影、一句“我没事儿”或“你没做错什么”、一言不发就人间蒸发……传递的信息很明确：“我受到了伤害，但我不说，你有义务猜到‘朕’为什么不开心，然后哄我。”

他（前夫）还不如做点儿什么让我难过的事儿，说点儿什么难听的话，彻底断了我心里的念想，也比这样无声无息的像死了一样的感觉要强。

——小静

但怎么猜中他们到底想让我们在什么方面投降，这可是个技术活儿。我们被设定了有义务去寻找他们不开心的原因，有责任去搞定它，然后永远都搞不定。

母亲喜欢用沉默、隔离、抗拒把我冻起来，放得远远的。她总是让我去猜她到底为什么痛苦，参悟她的需要。她认为精确地参悟到她的想法是别人的责任。她常绑架自己，拒绝和我在一起，但我总是一头雾水、莫名其妙。而她认为既然我不懂，那就更应该进一步惩罚，于是进一步自我绑架。在我莫名其妙了十多年之后，我才猜到其中一个原因：母亲掌控着厨房，那是我动不得的地方，她会有被夺权的感觉。但我到现在也没有想明白，为什么我动厨房会触动她最敏感的神经。

母亲讨厌我不理解她，但她从不说出来。她的逻辑应该是：假如说出来又不被我理解，她就会更痛苦；为了避免这种痛苦，所以她不说。所以她永远都在等着我猜。而她对任何猜不对的行为都感到极度的悲伤，化悲为愤，然后化悲愤为沉默。

她孤独，不被理解。面对面抱着她，她都感受不到温暖——每次我想给她拥抱，她都会挣扎着躲开。悲怆从中来，她感受不到来自人间的温暖，她选择用自我绑架来折磨我。

现在我明白了，原来她想要的是来访者被疗愈的那个标志：“医生，你又想到我心里去了。”被人猜到心里最细微的东西，真的很让人舒服。所以，懵懂的我，应该像一个有十几年咨询经验的强者，否则我就是错的，她就是痛的，我没有履行做儿子的义务，她的痛都是我的错，所以我是不称职的。

默契，就是你想说的我可能也懂，在你没说之前就有些重合了。有一个人能完全理解你，在有意无意之间能够和你的思想重合，这是上帝最大的祝福。很多夫妻在相处时间久了之后，话越来越少，但感情越来越浓，这就是心有灵犀。但母亲需要我对她单方面心有灵犀，这可太恐怖了。

综合：套路运用得心应手

每个勒索者都有自己惯用的招数，但是多个勒索套路可以用在一起，随意挑选几个，组成任意组合，比如“这个家需要你，你却这么不长进，你以前不是这样的。我真的好失望。你这样下去，整个家都会垮掉的，唉……”

“这个家需要你”，封你为“救世主”。

“你却这么不长进”，封你为“魔鬼”。

“你以前不是这样的”，封“神”又封“魔”。

“妈真的好失望”等于“你伤害了一个苦命的上帝”，可拆分为“自封为神”和“自残”套路。

“你这样下去，整个家都会垮掉的”，“残他”策略。

“唉……”一声长叹，省略的内容需要你自己去猜，“沉默”策略。

改造家人是一个艰巨的任务。勒索是长期建立起来的强迫模式，有着稳定的结构和基础。

我们想改造他们，但他们作为统治阶级，也想维持以前的不平等关系，把我们重新拉回那个体系。而且，毕竟他们赢过，且赢过那么多次，所以信心必然很足。有信心，基本上很难失败。重新洗牌的过程漫长又反复，斗争不会轻易消失。既然是攻坚战、持久战，就不能着急，节奏错就会受挫，丧失勇气。双方的改变需要时间去磨合。

Chapter 6
养成茁壮而有趣的灵魂，让爱呼吸

健康的关系是健康人格的基础，是一切幸福和成功的来源和支柱。我们在生活中遇到的关系问题，都是和至亲关系的延伸，我们在重复和他们的关系模式。恨重要他人，你走到哪里都不开心、不舒服；遇到的都是坏人和不好的境遇；承受不了挫折，也无法承受成功的巨大喜悦；更接受不了简简单单、淡淡的也是唯一真实的幸福。

和父母有隔阂，他们就不在我们心里了。有人夺走了我们的家人，这恨意不啻杀父之仇、弑母之恨。我们和家人成了仇人，但把家人夺走的其实是自己。凶手和被害者是同一个人，这可就难办了。对他们的爱恨交织，造成了我们精神上的痛苦、身体上的病症和生活中的问题。

我们每个人都在无时无刻地寻找疗愈，遇到更加强大的自己，但是，默认选项一般都是错的。我们试图去化解自己的痛，但在自愈的路上有很多魔障。

治疗最怕半途而废。疗愈分成两步：第一步是真实地看到受伤的自己，第二步是宣泄或矫正当时的情绪。只完成第一步，就像手术做了一半，切开而未缝合。

破局：窒息关系逃脱

在勒索游戏当中，默认选项是停留在这个游戏中，按照对方设置的游戏规则继续玩下去。我们希望自己扔得更远，长得更高，把大孩子比下去。这是一件永远不可能完成的事。要想赢，只有一个办法：不玩这个游戏。这就像小孩子跟大孩子说：“我们不比力气，我们比学习成绩。”或者女孩子对男孩子说：“我们比比谁的头发长吧。”

情感都是互动的，情感勒索也不例外。一个人表演不了双口相声，施害－被害的戏码，双方都很入戏。强势方在设置游戏，制定游戏规则，获得掌控游戏的快感；被动方主动入套，输得茫然不知所措。

面对情感勒索，自动地默认选项都是下策。在对方幻化的小宇宙中，按照对方的规则出牌，我们有天然的劣势。但挖个坑就往里跳，我们都是忍不住的。按照勒索者的套路出牌，就是进了陷阱，不想输，唯一的选择是不入局。

改变游戏的节奏

我们无法改变任何人，尤其是脾气臭、硬、倔，还自以为是的父母，但我们可以修改我们之间的剧本，打乱游戏的节奏。

封神、自封为神、残他、自残的勒索者都对被勒索者有所要求，而且他们的节奏总是很快，他们会制造压力，让我们有紧迫感，好像必须立刻就得有反应，无论服从还是反抗。节奏是他们的剧本所需的要素。

戴安娜：啥事儿都得按照她（她母亲）的节奏来。

“搪塞”是对抗节奏的一大妙招，它又叫外交策略，既不就范又不对抗，表达的信息很明确：“我不入局。”

搪塞就是拖，它是一种很有尊严、很有力量、很有效果的反应方式。拖就是不立刻答应，不马上决定。如果对方压力太大，就再重复，一遍不行就两遍、五遍，直到打乱对方的节奏感。重复是催眠的全部力量，更是说服力。

委婉的措辞可以是：

我现在很忙。

我觉得这个问题很重要，我们稍后再谈吧。

我觉得这件事不太重要，我不能马上答应你。

我感到不太确定，让我想一想。

我现在无法作决定，我需要时间来想一想。

我不能这么快答应，我需要时间再想一想。

“装傻”也能打乱剧本的节奏。比如：

A：你怎么那么色啊！

B：您说什么？我没听清楚！什么叫色啊？

搪塞的结果常常超出想象：如果你不想入局，没人能强迫你进去。只要不入局，勒索就无法进行下去。

勒索现场总是压力很大，这里正在进行一场戏剧化的较量，就像正在上演一部戏的高潮部分。“躲开”情绪最激烈的高潮，勒索的戏码就很难继续下去了。

我们可以躲开话题，顾左右而言他：

这事儿太重要了，我得想一想。姥姥的病怎么样了？

躲开压力源也是很不错的选择，理由其实很好找的。

对不起，我先上个厕所。

对不起，我现在手头有点儿急事儿，回头有机会再聊。

勒索者设定的剧本中，我们只有两种反应：痛痛快快地输，反抗一下再输。辩解和反击都是入套。用勒索招数反抗勒索，不是好建议。七个勒索招数中，我们有天然的劣势，我们都用不了。就算是沉默这一招，也需要进一步升级才能发挥效力——不逃跑、不理、不听、不看的“无视”可以传递一个信息：攻击失效。

我母亲习惯了对我的道德和能力进行贬低，我心里话是：“妈，你这么看待你的亲儿子，你知道我心里多难受吗？”但这话不能说，因为说了之后，就能证明攻击有效，既然攻击有效，攻击就会升级。我很害怕，我什么也不说，我不让她看到我的眼睛。我在默默地对抗。

没有人能剥夺我静止不动的权利。我以沉默拒绝她的命令和攻击，拒绝她的暴怒和哄骗。然后发生了什么？攻击一根木头的游戏并不有趣，她的游戏玩不下去了。

面对咄咄逼人的老婆，我给阿广的建议是：什么也不说，就低着头，连眼神都不反馈给她。

不要变成一只刺猬，而要成为一只犰狳。如前所述，你的针锋相对、反唇相讥是勒索者早就预料到的戏码，反抗会激起他们更大的斗志，采取 Plan B 镇压我们的反抗并获得更大的快感。

反驳都不反驳，勒索者的成就感慢慢会被耗光。所以，犰狳比刺猬更能保护自己。果不其然，慢慢地，张品耗干了口舌。反复多次之后，她再也没力气对阿广颐指气使了。

阿广发现，自己怕老婆，原来是气力不足。口才不好其实是他的优势，他唯一需要改变的就是连眼神都不给她，就能惹毛了她，又让她无计可施。她就像一只狼一样，绕着自己转来转去，无法下嘴。最后就累了，她的游戏终于不灵了。

表达自己的立场

无可否认的尴尬事实是，被勒索者都是性格比较软弱的人。即使不是总体懦弱，最起码面对勒索者时我们很懦弱。我们对很多东西不能坚持己见，总是被他人左右，所以才给了勒索者操纵我们的机会。人应该有一点儿性格才好。

配角和主角的区别，在于观者感受到了谁的存在。观者能感受到谁的存在，关键在于谁清晰地表达了自己的思想和情绪。在勒索者的剧本中，被勒索者的思想和感受不占分量，于是我们成了路人甲。

萨摩：妈妈，妈妈，你给我那个吃吧。

母亲：以撒医生，你的资质在哪儿我看看。

萨摩：妈妈，妈妈，妈妈，我要吃那个。

母亲：嗯，看你也一表人才。

……

我：你妈这人挺好的啊。

萨摩：你没有看到她根本就看不到我吗？

我：那为什么不跟她说这个问题？

从路人甲变成主角需要分两步走：表达自己的立场，然后说明原因。要明确地表达出“自己的立场”+“因为”+“自己的感受”。萨摩一开始并不太懂，所以效果很差。

萨摩：我觉得你看不到我，妈妈。

母亲：咋了宝贝？

萨摩：我觉得你看不见我。

母亲：没有啊，你多漂亮，我每天都看不够。

萨摩：妈妈，我感觉很愤怒，因为你这样说话就是根本看不到我。

母亲：我是小学三年级毕业，你别说那些我听不懂的话。

什么叫“根本看不到我”，我能理解，但勒索者不可能知道被勒索者的感受。信息传递模糊，常会让勒索者随便找个借口，把被勒索者拉回旧有的轨道。即使传达了，游戏也不会轻易终止，所以重复也是很必要的。

萨摩：我要你听到我说的每句话，不然我会很不舒服。

母亲：好啦好啦，妈错了。

萨摩：妈妈，我不希望你越过我去跟以撒医生说话，因为那样会让我很生气。

母亲：……

表达出自己的立场和感受，主配角之间的关系就会发生微妙的变化。发生一点点变化，整个未表演的剧本——你的整个后半生，都会发生变化。很多误会就隔着一层窗户纸，一捅就破，改变需要由我们自己去引爆。我们需要给家人做做精神体操，因为施害行为也是在不知不觉中完成的，他们认清真相后也不大愿意那么干。

说一句“请你不要再那么做，因为那伤害了我”，令人多么难以启齿啊！有的时候是因为害怕，有的时候是害怕没有效果，更多的时候是因为骄傲，我们不肯放下自己的尊严。但施害者施害，往往是因为不知道自己的行为给我们带来了多么大的痛苦，如果我们不去表达，他们就永远不知道我们想让他们做什么，不希望他们做什么。

我们也在勒索他们——我们不说，这是沉默的操纵套路。我们认为对方天然地应当知道自己在施害。家人之间的隔阂就是这么来的。如果你没有表达出自己的立场和情绪，对方就会默认你没有受到伤害。如果你不表达出来，别人就会认为你的牺牲是理所应当的。

受伤的人，不会愿意向施害者暴露自己的伤口，尤其是男人，更不愿意把家人带来的伤害告诉别人，那感觉就像一个被害者扒开自己的伤口告诉凶手："这是我最脆弱的地方，这伤口还是你带来的。"这我能理解，但"不说开了"是我们的错，是我们的责任。没有明确的要求和原因，他们怎么改啊？

说破无毒。当话说开了，没人能预测会发生什么。至亲知道那样做或不那样做会伤害我们的时候，他们会开始反思，我们为什么会对他们爱恨交织，他们的行为就会随之发生改变。未来是值得期待的。

顺水推舟

勒索套路中都有一个“否则”，否则传递出了最多的压迫、威胁和惩罚性信息。我们被迫回归旧剧本。但是，假如我们允许事情按照否则进行下去呢？勒索者的剧本就演不下去了。

“没错！”

母亲（很激动）：你为什么这么自私，你为什么从一个那么乖巧的孩子变成了现在这样一个魔鬼，折磨、摧残我。

我（笑眯眯地望着她）：没错，我很自私，我从不乖巧，我本来就是魔鬼，我特别喜欢摧残、折磨你。

母亲（愣住了）：……

母亲的角色设置里，我不是自私的魔鬼，但这次是自私的魔鬼，她要我回归她的剧本，“否则”我就是自私的魔鬼。

但我不肯进套，我承认她诬陷我的自私、恶毒。语言本身并不代表任何东西。情绪和情感才是更真实的内容。接受表面的语言本身，里面的攻击情绪就打空了。

她失控了。我从母亲的眼神中没有发现之前的咄咄逼人或怨天尤人的神情，而是慌张。

玩网游的时候，如果人物设置错误，整个游戏就得重启。和勒索者的游戏也是这样，角色设置发生了障碍，勒索者的宇宙就崩塌了——角色失控了。我没有选择她预设的两种反应——服从或反抗，她的游戏进行不下去了。

心口不一，是这个世界上最美丽和最可鄙的东西之一。母亲在说谎，我没有驳斥她的谎言，而是接受。我也在撒谎，她慌了，谎言不灵了。

“谢谢！”

父亲：你会流浪街头的！

我：谢谢你的关心。

母亲：亲妈才骂你呢？如果你不是我儿子我才懒得理你。我干吗不去骂大街上的人？

我：谢谢，但我不需要。

打着爱的名义进行操纵，是勒索者的剧本。但既然打着爱的名义，那么，说一句“谢谢”就是理所应当的，没毛病。一方突然变成了敞亮人，剧本乱了，游戏就进行不下去了。

在习惯了勒索者的剧本之后，我们最后却忘了按照最正常的套路出牌就能够打乱勒索的剧本。

切割：把自己摘出来

勒索的父母、爱人，就像缺胳膊少腿的残疾人，他们觉得完整的子女是错误的、畸形的存在，他们要把亲人的胳膊和腿卸掉，和自己保持一致。这并非不是因为爱，只是他们并不知道正常的、完整的状态是什么样的，又认为自己有权力和能力去塑造和束缚亲人，这才造成了伤害。

我们首先要做的，就是保护好自己，不给对方伤害我们的机会。而不给对方伤害我们的机会，第一点就是“切割”——离开施害者的影响范围。

毋庸置疑的是，被勒索者容易被特定的勒索者廉价的言论和情感所煽动，不自觉地扮演被勒索的角色。伤害都是在特定勒索者设置的宇宙中完成的，在这里完成不了疗愈。即使在别处完成了疗愈，回到这里后仍然会犯病。我们应当躲开勒索现场，做点别的。

对大多数参加团体咨询的来访者来说，在他们最初最重要的团体（即原先家庭）中，都有过令其非常不满的经历。治疗团体在许多方面都类似于家庭：有权威／父母的角色、同辈／兄弟姐妹的角色、深刻的人际关系、强烈的情感，以及深厚的亲密感和敌对的、竞争的情感。

……

如果该团体的领导者在团体中被视为父母的角色，那么团体成员将会把领导者与父母／权威形象联系起来：或极度依赖领导者，赋予领导者不切实际的全知与全能；或盲目地反对领导者，认为他们把自己当成小孩，并加以控制；或对领导者们进行挑拨，如同当初挑起双亲之间的不和；或在其中一位协同治疗师离开时，才暴露得最深刻；或和其他成员激烈竞争，努力争取团体的注意和治疗师的关心；或当领导者注意力集中于其他人时，有些学员就笼罩在妒忌中；或在其他成员之间寻求联盟，企图颠覆治疗师的领导；或完全将个人利益置于脑后，而看似无私地努力满足领导者和其他成员的需要。

——《团体心理治疗》，欧文·亚隆

但逃掉，把自己在空间上从勒索关系中摘出来，并不容易。因为家人是彼此需要的，我们需要他们，甚至如第 4 章所说，我们需要他们关注我们所以需要他们勒索我们。没有了勒索者，我们的生活就仿佛失去了什么。

戴安娜：我从十几岁开始就在充当我妈妈的知心姐姐的角色，为她排解各种不愉快。一直到现在。可是我现在竟然很恨她。我天天和她生活在一起。

我：跑过去，骂她。然后离开她，惩罚她，告诉她，她把你逼疯了。你最先要做的，就是离开她。

戴安娜：我也骂过她，就是这么骂，但是立马道歉了。

我：不能道歉，道歉是错的，最起码目前是错的。可以在心里道歉、忏悔，但不能让她知道。

戴安娜：她身体不好，而且严重依赖我，我没法离开她不管。

我：实际上，你在欺骗自己。

戴安娜：她会活不了的。

我：她需要死去，然后才能重生；她需要你离开她，才能康复。你俩的病，也许就是因为你们分不开的原因。

戴安娜：我姐姐去世了，我们瞒着她，搞得很累。

我：你其实不是怕伤害她，你害怕的是自己的痛，撕裂感，你离不开她。

戴安娜：也不清楚，我本来就有强迫症，现在严重了。

我：最害怕的是断裂。那种痛，是母亲用来要挟你的武器。

戴安娜：我母亲，她只是个任性的小孩。

我：没了她，你会疼，她会更疼。疼一下就好了，你俩就能恢复正常了。不分开就只能继续恶化。

戴安娜：我做不到。

我：不如先暂时分开，这样大家都能给彼此时间，让关系自然发展。

戴安娜：只能怀着悲悯之心来对待。

与勒索者在空间上保持距离，是疗愈的第一步，但主动选择走出这一步需要很大的勇气。和勒索者分割时，我们会疼那么一下，就像打针之后病就会好一样，但我们都怕打针。

观自在：自知即疗愈

万物皆有伤，那是光照进来的地方。

——《赞美诗》，莱昂纳德·科恩

勒索会搞垮任何关系，任何关系都禁不住勒索的重压。我们会积累大量的负能量，负能量很像赛璐珞这种东西（又叫纤维素硝酸酯、珂罗酊，最早用来封白酒的瓶口），高度可燃，很容易爆炸，砰的一声烧得连灰都没有了。自我治疗就像一点点地清除这些燃料，同时不要引起爆炸。

弗洛伊德认为：疗愈就是把无意识的内容意识化，并宣泄情绪。所以自我治疗的第一步，就是梳理自己灵魂的伤口，但我们很不喜欢去做这种事情。

戴安娜：你还年轻，有大把的时间纠正一些错误。我妈不是更可气吗？我都不骂她。因为骂也没意义了。

我：为什么？

戴安娜：回不到 17 岁了。

我：为什么老想过去那些不开心的事情呢？

戴安娜：因为我强迫症还没好。一切都是有渊源的。而且好多事情都无可挽回了。我跟你说也是徒增烦恼，不如不想那些事。

我：每个人，都有一些故事需要说。

拒绝梳理，首先是因为它疼。我们拒绝暴露自己最脆弱、最痛苦的地方，就像拒绝揭开里面化脓的伤疤。如果没有“动手术”的技术，知道自己切开了而缝合不了，就更会拒绝对自己“动手术”。其次是因为曾经的创伤互相交织，层层叠加，乱作一团，所以表意识先拦在了我们面前。

小彤：我一紧张，右上臂就绷得生疼。

我：为什么？

小彤：这能有什么为什么？

我：必须知道为什么。

月华：我又头疼了。

我：为什么？

月华：可能是阴天的原因吧，我一阴天就头疼。

我：为什么一阴天就头疼？

月华：这能有什么为什么？

我：必须知道为什么。

我们有一套近乎天然的方式来应对自己和这个世界——满足于对一个现象或自己的描述，拒绝深挖。

惜弱：女子无才便是德。

我：这句话怎么讲。

惜弱：我做什么都好差。

我：你讨厌这句话，但又自动在应验和实现这句话。

惜弱：我是有才呢，还是有德呢？

我：你觉得呢？

惜弱：女子无法企及的痛，除了岁月带来脸上的皱纹，还有体重秤上的数字。

我：你在转移话题了。

我们抗拒自我分析，极力隐瞒痛苦的秘密。然而，只有找到那个秘密，才能彰显你的生命需要做的大手术。性格上的每一份残缺，下面都有一个创伤，创伤后面都是一件具体的事。这个具体的创伤，经过了潜意识的改装，变成了“一紧张右上臂就生疼”“我无才所以有德”等荒诞真相。我们得找到那个荒诞的真相后面的真相。

秘密调查清楚了，其实也就没什么可怕的了。影影绰绰的才是鬼，认清了不过是树影。

我：为什么（害怕这个世界）？

腾云：如果我记得不错，我应该是三五岁。

我：发生了什么？

腾云：在农田里干活，我找到了一只鼹鼠，一只可爱的鼹鼠。

我：然后呢？

腾云：父亲责令我扔掉它。

我：然后呢？

腾云：我不敢说话，但我内心是抗拒的，强烈的反抗。

我：然后呢？

腾云：我把它放进了一个口袋。我觉得，回头还可以慢慢跟它玩。

我：然后呢？

腾云：因为我把那只鼹鼠放进了口袋，我就想，回头还有的是时间，我会跟他一起玩。但是它跑丢了，或者死了。

我：它离开了你，因为被强迫。

腾云：现在我的问题是，如何安慰那个丧失了最宝贵东西的自己。

挖掘创伤就跟考古似的，深入挖掘，能生动地展现出个人历史的各个层面：我们在各个阶段在家庭中的地位和待遇，相应的自我形象，以及这些记忆是如何塑造我们的人格的。往下扎根，才能向上生长。

戴安娜：有一件事我不得不说，但又不知道该怎么说。

我：在某个时间里，发生了重要的事？

戴安娜：一下子就要了命了。

我：发生了什么事？

戴安娜：姐姐去世，让我感到轻松。我有罪恶感，所以我惩罚我自己。我们最难放过的，就是自己。我们原谅起别人来，往往就在一瞬间，但原谅起自己来……

古人用“灵魂”（phyche）这个词表示“人格”（personality），后来人们觉得这个词没有科学调性，就改了冷冰冰的替代品，实际上还是那个意思。我不喜欢严谨的说法，反而觉得“灵魂”这个词仿佛很温柔，用起来也方便。灵魂里有最深的渴望、创伤、内疚……灵魂上的伤口从未停止过发声，它扰得我们心神不宁。

自我分析就是去探索灵魂的伤口，自我分析就是层层往下走，不断地问下一个“为什么”，穿过表意识的借口和潜意识的伪装，摸到真相，摸到那件具体的事。往深里挖，往痛处挖。我们需要回到童年或其他瞬间，去看到那个拒绝被看到的自己。

找一个安静的时间，闭上你的眼睛，回忆自己哪里有痛。在那个地方，看看自己在做什么，听听内心的声音，紧张、怦怦跳的心脏、委屈……那一幕中一定有很多的情绪需要化解和矫正。

自我暗示：灵魂的拉枝技术

情绪化解之后再描述新的感觉，你会有新的感觉需要培养。

郝小壮：我已经变得非常勇敢。连我妈跟别的男人好这种事儿，我都无所畏惧了。以前我可是充满了羞耻感的。丧失感，被父亲夺走母亲，已经够难过了；结果，很多男人都跟我抢。多么难过的一件事情。

金才：我敢于面对我爸，我感到自己强大、有力量，充满了能量。

还可以有很多其他的感觉：

快乐

开心

自豪

自信

勇敢

能干

坦然

生机勃勃

充满希望

我们都是统治自己那个世界的暴君，不愿做自我分析更不愿分享，其实挺正常的。但做过一次之后，上升的感觉会让你期待下一次。一个渐渐变好的暴君，比一个逐渐堕落的圣人更受世界的欢迎，尤其是你自己的那个世界——我说的是你身体的各个部分、亿万个细胞，以及灵魂。

我不爱饮酒。虽然我爸爱喝酒，他一边喝酒，一边咒骂饮酒，他训斥我将来不要喝酒。我爱他又恨他，我用饮酒反抗和纪念他，我用喝酒表达对他的痛恨、蔑视和忠心。

所以，爱喝酒的是他，不是我；而我是在超越他，而不是对抗他、变成他。我不想在这个方面比他强大，我跟他完全是两种人。我们判若云泥，如同天鹅和丑小鸭。

——腾云的戒酒咒语

我们生活在比喻的世界里，仪式感主宰着精神世界。这里有一个很奇怪的规则：你感受到的东西它才存在，你感受不到，即使是真的，它也不存在；你感受到的东西，即使是假的，多感受几次它就真实了。仪式感能够把你内心的愿景清晰化、实体化，加添你的心力。

根据自我分析，把对症的话写下来，并读出来。

把愿望写下来、画出来、读出来，都有强烈的催眠价值和象征意义，能把你的未来变成可见、可触摸的形式，可以帮你厘清自己的情感，释放那个可盼望的未来。

我能坚持自己的立场，我敢表明自己的态度和情绪。

我曾经是胆小的，但我现在是勇敢的。

体会这些词语里的能量，仿佛那说的就是你一样。感受从旧我中解放出来的这个新我的感觉。

仪式化的自我催眠就像咒语一样，能够改变我们的内在设置。咒语这种东西是不是很怪？机械地重复一些不真实的描述是不是就像神经病？也许吧，但这正是催眠的要义：一遍遍灌输同一个信息，直到意识和理性疲乏，信息就渗入到潜意识中去了。

有一种诱导式的咒语组，对更改内在设置也非常有效果。比如：

我曾经是胆小的，但我现在是勇敢的。

我是勇敢的。

我勇敢。

我非常勇敢。

我是个勇敢的人。

我天生就是个勇敢的人，我勇于面对一切。

我天生就是个勇敢的人，我勇于面对一切，我能够战胜整个世界。

嗯，我勇敢！

我们可以用这种方法把任何一部分的自己——无论是恐惧、不安、焦虑、抑郁、羞耻感——抽离出我们的身体。

自我暗示要起作用，需要一定的时间。果农有一种技术叫“拉枝”——用绳子把枝条拉斜，让它偏离自然的生长方向，以保证众多的枝条尽量获得更多的阳光。龚自珍在《病梅馆记》中讲过这种技术，使梅枝的生长方向发生变化。自我暗示就像“拉枝”一样，需要一定的时间，才能保证枝条——灵魂——自动向你预设的方向生长和发展。

案例

我们可以用症状和情绪作为线索向下挖掘。

腾云讨厌水，看过“狂犬症”（又叫“恐水症”）的科普文章后，紧张兮兮地回忆自己小时候是不是被狗咬过，并相信不知道哪天，狂犬病的潜伏期就过了，就会突然要了他的小命。我让他好好想想，跟水相关的一切回忆，这是他第一次自我分析：

我妈用特别热的水给我洗澡，烫伤了我。我哭了。她说“多么舒服啊”，使劲儿把我摁进了水里。她骗了我。她伤害了我。她认为我不存在。我不懂她为什么会用这么美好的词“多么舒服”来害我。我感觉很痛苦，很无助，很迷茫。整个世界都塌了。

但是，他现在仍然不喜欢洗澡，于是又继续深度挖掘：

妈妈每次给我洗完澡后，都让我自然晾干才给穿衣服，我冻得瑟瑟发抖。

她不听我的祈求：“妈，我真的好冷啊”。我感到十分沮丧，无助，无力，我恨她。她在笑，好像在安慰我，实际上是在拖延时间。我感觉就像冷笑，阴森森的，让我对任何冷笑都感到陌生又有吸引力——我好孤独啊，仿佛和她隔着九万九千里一样。

但他仍然不喜欢洗澡，于是进行更进一步的分析。他隐约感觉，洗澡对他来讲似乎隐含着某种羞耻感和脏感。它来自于哪儿呢?

我喜欢表姐，不仅仅因为她是我姐姐，而且因为她真的是个美人——皮肤白皙、眼睛很大、声音很好听，小时候还会给我做饭，给我吃我最喜欢吃的东西，送给我的礼物简直就是全世界最美好的，能够让我在小伙伴们面前昂首挺胸的。她简直就是所有美好的化身。

她来我们家做客，作为客人自然是受到优待的，我自然也愿意把所有美好的东西都跟她分享，但洗澡这件事让我感到无限的悲伤——总要她先洗澡，水就会变脏，然后才让我洗。

母亲和所有的人都在微笑着解释，“人家是小女孩啊”，“人家是北京来的啊，你看她那么白”，“你那么脏，怎么能先洗呢”？我好难过。

“北京”这两个字，被加重了，带着无限愉悦和褒扬的情绪，如同对上帝的赞美。我也知道了自己为什么这么多年离不开北京，对北京充满了眷恋和恐惧。同样被加重的是“小女孩”和“白”这两个词。这两个词掺杂着喜欢、兴奋、激动、羞耻感、脏感。我要么去超越它，掌控它，要么就安心地被它压制，被它掌控。

就像母亲的冷笑，虽然让我很痛苦，但她的冷笑却让我能在痛苦中感受到一丝安慰。被自己最心爱的人羞辱、折磨、弄脏，天然地认为我就比姐姐低、比姐姐脏、不如姐姐，微笑着认为“我是脏的”是理所应当的。我认为自己是脏的，就是乖的、听话的、让她开心的、让所有人所接受的，否则就是混账需要受到惩罚的。

他甚至挖到了自己求虐倾向的根源：

不洗澡，就是为了对抗：你害我，我就告诉你会把我害成什么样。我很愿意一头撞进别人设置的陷阱，仿佛是为了完成一个愿望，让母亲感到内疚。

现在腾云只是不再讨厌洗澡，但仍然不喜欢。他洗净了与洗澡关联的恐惧，但还没有将洗澡和愉悦情绪进行关联。我告诉他可以在洗澡时听温柔的音乐，两三次后，他已经开始喜欢淋浴了。不过他还在生活中做了一个调整，他换了热水器，至于之前那种热水器为什么让他害怕洗澡，就成了一个永远的迷了。

分享：让伤口晒晒阳光

两个人一起伤感，
就没有人会受伤。
而如果一个人孤独地伤感，
那就会有人受伤了。

——美国心理学家 埃瑞克·格林里夫（Eric Greenleaf）

受伤的自己需要被看见，分享是这个世界上最疗愈的事情之一。

情绪被分解得越透彻，化解得就越彻底。只有压抑住的痛苦，才是真的痛苦，痛苦只要说出来、笑出来，就没事了。情绪只要被摸到，就会自动放气，创伤就会开始愈合。把自我分析出来的创伤分享给一个懂你的人，比单独的自我分析有力量得多。

特蕾西·麦克米兰（Tracy Mcmillan）是个痊愈了的教授。她在 TED 演讲中，坦承自己母亲是个妓女加酒鬼，父亲是个毒枭加皮条客。

阴暗面只要晒过就会好起来，所有的阴霾只要见了阳光就会散。给发霉的地方晒晒太阳，人就会感到晴朗，才能变得晴朗，晴朗的人才能找到晴朗的人，拥有晴朗的情感。

侯军：我骑着自行车，驮着一筐鸡蛋。

我：然后呢？

侯军：前面有道水沟，我一下子摔倒了，整筐的鸡蛋都碎了……我躺在泥水里，禁不住哭了起来，我的鸡蛋啊……

我：难过？

侯军：整个世界都是灰暗的，冷啊……

我：周围有人吗？

侯军：有啊，羞耻啊，无能啊……

当侯军能够描述和诉说那个受伤的自己的时候，我看到他已经开始不那么抑郁了。抑郁的根不在当下，当下的任何事情都是导火索。找到那个创伤，哭一哭，笑一笑，让阳光晒晒伤口，人瞬间就会变好。我确信，他这个已经被看到的创伤，已经有了愈合的希望。

其实心理治疗师的价值，就在于能够倾听并体谅你的心情，所以他们是阳光。一大半的心理咨询师本身就是情感勒索的受害者，只是他们熬过来了，所以他们能够理解你，包容你。只要向对的人诉说，伤口就会迅速愈合。

当然，治疗师一般都很贵，在北京最少也要500元/小时，不是每个人都能负担得起。但团体治疗方式费用要小很多，很多咨询室都有团体治疗的项目。还有很多受伤者自己形成的团体，大家的情况很类似，人们可以在这里互相疗愈，有的在线上、有的在线下，效果都非常好。你需要找到你的队伍，归队就不会感到孤独。有类似故事的人凑在一起能够互相取暖。分享和互动让彼此都能受益。比如我最早进入豆瓣小组“父母皆祸害”（当然，我不太赞成这么激进的标题）时，突然感觉自己不是一个人，原来好多人的爸妈都这样，我不再感到孤单和无力，有人能听懂我在说什么，那感觉真的很好。

为了保持完整，我学了心理学，发现了各种各样的疗法。自我分析和分享不会一次就完成疗愈，一辈子的创伤会有很多。人的任何表现都不会是单一因素直接作用的结果。没有人的创伤是单一的，都是一层一层的。速度是个关键问题，而你成长和自愈的节奏，实际上你最清楚。

安全岛

毛毛妈：我坐下来织毛活（织毛衣）的时候，就是我最静的时候。

强大的灵魂需要有一个载体，就像体力以有胳膊和腿为前提。有没有一件事，让你想起来、做起来就很温暖、宁静？

我：第一台阶。

戴安娜：我想回到 30 年前。

我：那里有一个安全的天堂。

戴安娜：还能回去吗？

我：我们总需要回望，才有力量，继续走下去。

戴安娜：即便是年龄回不去，那种心境还能回去吗？

我：我们必须总回到那个地方，否则没有力气走下去。

戴安娜：也难。

我：我们蹦跳着要上天堂，如果大地接不住，那可就麻烦了。

戴安娜：好想回到那个时候的状态啊，那时候我还是一个正常的人，一个对未来充满希望的小姑娘。

我：你可以是，永远可以是。踩不到地上，就没有跳起来的力量。

在催眠治疗中，施术者要先给受术者找到他的安全岛——美好的一幕。在进展过速所以受术者情绪不稳时，可以回到这里来恢复平静。这就像盖亚的乐土，她的儿子安泰俄斯一躺下，就能恢复力量。就像创伤都是一个场景的一样，安全岛也是一幕幕的。

我：你看到了什么？

萨摩：我看到过年了，一家人在包饺子，所有人都在微笑，妈妈在开开心心地忙里忙外……

姐姐抱着我去偷西红柿，我还不会跑，让我在外边等。突然女主人出来了，一群小孩像家鸟一样跑了，我傻站在那里哇地哭了。大娘把我抱起挑最好的给我吃，吃饱了哄我睡觉，盖上被子担心我冷，摘一篮子西红柿抱着我把我送回家……

——梁军

安全岛是我们一辈子的财富，在那里，我们是快乐、安宁、愉悦、幸福的。那个时候我们快乐极了。那是你去过的最美好的地方，你可以感受到周围所有的美好和自己美好的感觉，阳光洒在你的身上，空气里有春天泥土的味道……安全岛会抚平我们的不安。

我最幸福的时刻就是爸爸背着我走在雨里，那时候他还没有学会对我冷嘲热讽。另一个安全岛在姥姥家的树林里，我和小伙伴们一起用泥巴包饺子，那里面是我所爱的人们，那是我最接近幸福的场景和时刻。

不仅仅在催眠中，在日常生活中也能使用安全岛。只要我们感到难以掌控，就可以穿越回记忆中的那一刻去。再痛苦的人、再自卑的人，都有自己值得开心和骄傲的东西，我们需要珍惜它们，好好地利用它们来为自己强大的灵魂助力。而且你要知道，多体会这些积极的回忆，会让我们变得越来越强大。

拉布：后来所有的男孩都和我很好。

我：魅力四射。

拉布：不是魅力。

我：那是啥？

拉布：是人品，人格魅力。

我：坚强的骨头。

拉布：记得在天津第一次吃螃蟹。

我：螃蟹怎么了？

拉布：在饭桌上我就说我不会吃。

我：为什么？

拉布：山东那个男孩就说：傻丫头，你这直性子，不会吃你别说啊，看着大家咋吃。那个男孩是我们科长的男朋友，有小儿麻痹症。

我：啊？

拉布：留下后遗症了，背上有个大疙瘩。我们科长很漂亮，俩人上职高四年工作四年。

我：然后呢？

拉布：他们比我大四岁。那时就是大哥哥大姐姐的感觉，带我吃好吃的，聊天……

我：怎么说了这么多？

拉布：突然想他们了。

我：美好的时光都是值得留恋的。

融入新的圈子，交到治愈的人

我们都可以有一个 plan B。心里失去一两个至亲之后，我们就空了。为了保持完整，我们需要找到新的人来填充。

心理学家费伦齐和弗洛伊德在专业上有很大的分歧，他提出为矫正心理状态并无必要让患者追忆创伤性事件，并强调只要治疗师能建立起充满爱心和容忍的气氛即可治愈。

团体是这个世界上最容易疗伤的地方，这里有治愈的人。生活本身就很治愈。任何美好的圈子都能温暖我们，无论是工作圈子还是朋友圈子。

我觉得自从遇到了我的前领导陈江，就开始了疗愈的过程。他管理的工作团队就像一家人一样其乐融融，他本人就像一个慈父一样。我觉得很多优秀的工作团队都像团体治疗一样滋养人心。

在此之前，畸形关系的后遗症就是，我在长期被操控的过程中，好像已经被剥夺或者弱化了交朋友和建立新连接的能力。因为长期的压抑，我已经不能适应平等的人际关系，只能在被操控或者操控这两个角色中选择其一才会感到安全。但是在他带领的团队里，我慢慢改变了，成长了。

交心的朋友能够填补我们缺失的情感。与正确的人深交，彼此之间会互相渗透，彼此治愈，温暖我们冰冷的心。他们和你一样有趣，可以和你一起探讨生活的乐趣。腾云喜欢弹弓，就加入了本地的弹弓协会，大家在一起组织过很多活动，大家在一起真的很开心。

还有一些现成的情感可以去利用，比如亲戚。亲戚成了我的父母的替代品。我经常去姑姑家，我发现她简直爱死我了。虽然她的爱还是让我感觉不够，却让我有了足够的力气维持正常的生活。其实在这个世界上，有很多人都在默默地爱着你，只是你不知道。去找到他们，采集来自他们的爱的温暖。

剧透：和未来保持联系，和当下保持距离

虽然很多人想都不敢想，但我们都需要和父母重归于好，我们都渴望得到一个幸福的家，或早或晚。

戴安娜：可是我得调整自己，我要是天天恨她（母亲），那也是给自己找不开心。

以前看电视剧，特别讨厌别人剧透，最后谁跟谁怎么样了之类的。成为一个心理学家后，我还是很喜欢剧透的：我们可以在家人变得不那么自私和蛮横之前，提前准备好迎接他们“目前还不是”的样子。

终有一天，爸妈会变成这样的老人：带上门后发现钥匙锁在屋子里了，出门散步迷路了，躺在床上叨念你的名字可你来了他们却认不得了，夏天盖双重被子都觉得暖和不过来，盖三层又压得喘不过气，苹果也不能吃，香蕉也不能吃……

这一天终究会到来。我们在成长，他们在衰老，我们终将掌控这份关系。一个故事，只要知道结局是美好的，就能潜移默化地滋养着我们最忧郁的心情。最好的相遇是久别重逢，等着就行了。知道结局了，我们还焦虑什么？惊心动魄的情节又有什么关系？我们知道主人公不会死。

到那个时候，我们都已经成熟了。重新回顾当年的关系，反思自己的错误，就会开始想念对方的好并自责了。不管是偶然相遇还是预谋和好，我们都已经变成了更好、更健康、质量更高的人，可以去建立更加健康的关系了。双方都已经充分做好了主动道歉和接受道歉的准备，并且会祝福彼此。上帝就把最亲近的人还给我们，而且还是一个更美好的人；上帝也把你我还给他们，而且也是一个更美好的。我们的关系会史无前例地从容、放松、美好、成熟、稳定。

我：你怨谁，谁就欠你东西。

拉布：有的找不回，有的找不到。

我：对我们不在乎的人，我们都怨不起来，恨不起来呢。

拉布：我爸欠我一个有爸的童年吧，记忆中都是我妈带着好几个孩子叽里咕噜地过。我爸在外打工挣钱……我都理解了。

我：什么时候？

拉布：忘记了，体会到了生活的不易后吧。

我：体会到了生活的不易。

拉布：所以理解我妈那时的专权，还有暴脾气。

我：你暴脾气吗?

拉布：是有骨气，骨气和脾气不是一回事。

我们所要做的，就是穿越时间，提前感受剧透中他们的样子。

萨摩编排了一段将来的话，是未来的爸爸要讲给她听的：

闺女，我知道你没有我感觉不舒服，我没有你也感到很痛苦。请你回到我身边吧。为了你，我曾经无法放弃自己的自尊，但是现在我一无所求，只想看到你的脸。

我给你带来了长期的抑郁和严重的焦虑，给你带来了所有的不幸，我为此感到痛心不已。我愚蠢地认为，你不需要我的抚慰，对你硬着心肠、爱搭不理。为了证明自己是个安全而有能力的人，我失去了你。我感到后悔，我也能感受到你的愤怒。

我对自己的卑鄙、冷酷和麻木不仁感到吃惊，我为自己给你的伤害感到难过。相信我，我只是不懂如何表达对你的关心，那不是我想要的，我更不想剥夺你的尊严，我只是不懂。我忏悔。

如果我暂时还没有学会那种能力，请你原谅我。即使你不在我身边的日子，我也一直在担心你。希望你能找到理想父亲的替代品，在我学会如何安慰你之前。

你猜怎么着，在编排完这段话后，萨摩禁不住自动写下了另一半剧本。

我原谅你，爸爸。那次你打我，全都是误会。你一直是个好爸爸，照顾我比照顾妈妈还多。你一直是我的偶像，我们家掌管着那么一大片森林，你一直是我的骄傲。我知道你真的关心我，只是不知道如何表达。我这样是你造成的，但我知道你是无心的，你只是不懂。我原谅你了，爸爸，真的，我原谅你了。

萨摩用极具同情心的方式和未来的父亲隔空传递彼此的思念，同时和现实的爸爸保持物理上的距离。这对萨摩来说是一个转折点。即使我们知道他们永远无法和我们设定的角色相比，我们也能够原谅他们了，在我们的世界里，用我们自己的方式。

内耗减少了，萨摩强大了很多。

现在萨摩成了掌控者，但她并不勒索父亲（她和母亲的关系尚未得到改善）。她只是学会了用他所有的招数来对付他，他想勒索她，她就挂电话。他慢慢地学乖了，她长这么大才觉得自己真的有点儿价值了——她有能力改善父女之间的关系了。他不再是个暴君，她不再是个懦弱的奴隶，他们可以像正常的父女一样互相关心了。

萨摩和小智分手了。他们俩都组建了幸福的家庭，彼此感谢对方曾经在自己的生命里出现过。

改良自己：以自己喜欢的方式过半生

情感勒索归根结底是由地位尤其是家庭地位不平等造成的。为了改变勒索的状况，最根本的解决方法就是改良自己。要改良自己，在勒索者周围是无法完成的，就像娘压槐，不移栽他处就不可能成长一样。

我们要在勒索者看不见的地方完成自己的成长，等到我们独立到可以没有某个勒索者也一样生活得很好的时候，我们就能够重新拥有那些亲近的人了。同学、闺蜜、朋友莫不如此，当他们在我们的生活中变得不再必不可少，当他们已经不再那么重要，当他们不再轻易左右我们的能量的时候，我们才真的可以拥有他们。

家人对我们的勒索，根深蒂固，解决起来可能需要十年，也可能只需要一瞬间。在改变不平等地位之前，我们可以先放下这件事。我们先不去做这件事，而是更专注于生活的其他侧面，远离他们的骚扰，去建立支撑自己的其他柱子，无论是事业还是爱情。

图图是一家公司的老总，很风光。谁也不知道十年前他是怎么过的。他用自己所有的积蓄为患了肺癌的妻子治病，最终人财两空，留下两个孩子。大儿子要过生日，图图向三个哥哥、一个姐姐、一个父亲借200块钱给孩子过生日，没有人借给他。所有的家人都冷漠（割裂套路）对待他。他难过得简直要自杀。

他带着两个孩子到北京来奋斗。他终于走到了这个地步：家人是否对自己冷漠并不那么重要了，心里的能量不会被他人影响了，哪怕有一天没有他们了，他还能生活下去，还能生活得很好。这就是他的信心，这就是他内在的力量，这种力量让他早晚都会发光。

十年过去了。他发现曾经对自己冷漠的家人，只是自己成长的一个过程，在自己的整个生活中只算一小坨。当他终于不再依赖他们之后，他发现，至亲的关爱和关注竟然自然而然地来了。

我问他是否记恨自己的父母和哥哥姐姐。他告诉我说："有这么几个观点可以帮助我们理解生活——除了生死其他都是小事；明天和意外不知道哪一个先来；不管这辈子爱与不爱，下辈子都不会再见了。所以，要好好生活，好好对待那些勒索你的家人。"

一切都是过程，一切都会过去。我们的缘分一直都在倒计时，用剩下的时间相亲相爱还不够呢，哪儿有那么多时间浪费啊？

他也急功近利，但他不是个机会主义者，他相信靠自己的能力，能够在北京最好的地段住上最好的房子。你能感受到一个人的能量和高度。你看他的眼神和说话的语气，一点儿都不觉得他飘，而是信他说的一切，你禁不住给他点赞。他的生活稳步上升，偶尔蹦个高，还能摘颗星星。

生活的乐趣都在小事里头，一些精致的小爱好让我们充满存在感和仪式感，驱散贫乏感。

巴塔塔：就算是给我一个狗窝，我也能把它收拾得干干净净的，让人知道这是我的狗窝。我会用自己的一套餐具吃饭，让生活充满仪式感。

小英：种个草，养个鱼，爬个山……生活挺好。

苏珊：多出去走走，少跟爸妈较劲。

艳红：培养一点儿爱好，交一两个朋友，一切都会好起来的。

改造勒索者

如何改造勒索者？这个问题是错的。勒索者没法改造，他们在泥里挣扎太久了，习惯了，拽不出来。所有试图改造勒索的尝试无不以冲突收场。我们不能用他们勒索我们的方式去对待他们，否则家里就成了战场。

把他们从幻想中唤醒，是一个不错的选择，而这本书也许能让他们醒来，我说的是也许。所以，我们读完这本书之后，可以把它送给勒索你的那个人。只要他们肯读，就能理解他们对我们造成的伤害，或许可以停止用攻击去“爱”我们，用伤害对我们“好”。

戴安娜：有些人在残害家人，自己却不知道，还以为是为了对方好。

我：的确如此。

戴安娜：如果一个施害者碰巧看到这本书，也许该反省一下自己的行为。

我：必须的，我得代表被勒索者，让勒索者们服气，让他们意识到自己的错误，而且忏悔。

戴安娜：大部分勒索者是很难认识错误的，他们是不喜欢自我反省的一类人。他们自私得特别理直气壮。

我：蛮不讲理。

戴安娜：我是说或许他们碰巧看到这本书了，朦胧中觉得自己哪里不对。

我：他们心里会刺痛吗，还是说，痛的只有我们？

戴安娜：他们应该学会倾听、注视，而不是发号施令。

我：那必须的，我要给他们一记闷棍。

戴安娜：把关注的焦点由自己舒服不舒服，转而关心一下对方舒服不舒服。如果当初他们是这样做的，可以避免很多悲剧。

养育你的父母和恋人

一个疗愈后的人，回到原生家庭后，病症会迅速恢复。我们前面一直在反复强调一个事实：施害者无心施害，他们也不愿意伤害我们，毕竟我们是亲人。他们只是生活在自己的幻想之中，看不到真实的世界。

也许，我们无法改变勒索者，但我们能改变自己，把自己变成父亲或者母亲，像养儿育女一样去“生养”他们一次。

图图并不记恨自己的家人，毕竟都是一奶同胞的弟兄姊妹。他改变了，带来了整个家庭的改变。他自己变成了一个小太阳，给家人带来了幸福，再帮助他们去完成他们的成长。他说自己在“用没有敌意的坚决和不含诱惑的深情”“把妈妈和哥哥姐姐们当孩子养”。

余生很长，何必慌张

任何创伤都不是物理性的不可逆转，但疗愈常常是一个过程，需要时间。疗愈是经过长年的酝酿，然后在刹那之间完成的。时间的酝酿是个不可忽略的因素，我们都需要时间去成长。

在咨询室中有时候会出现这种疑问：到底是咨询起了作用，还是时间的自愈效果让案主自然而然地成长了？两者都有。治疗师帮你开启，时间的疗愈作用就会开始涌进来。一旦开启，自愈就会开始工作了。

没有瞬间完全治愈，其实也挺好的。人类用自己的痛来定义自己的存在。我们为什么是无法被替代的？因为我们有痛啊，我们有自己那份与众不同的痛。我们无法被替代，是因为我们有自己那份无法被替代的伤感。

每个人带的伤，还是我们安身立命的基础。学心理学的人，多少都有点儿心理问题；有些学医的人，小时候曾得过大病或经历过家人病亡。

痛还有一种变体，会被压抑成“超能力”，就像乔布斯，就像任何有伟大成就的人一样。每个人都渴望有一个幸福的童年，有健康的情感，但美满的童年生活，从来都不产生伟大。这种现象在心理学中叫作“补偿”或者“代偿”。伟大的成就往往都来自偏执的人物，而偏执的性格都来自扭曲的童年经历。只有带点儿伤才有创造力，太健康的人不会太有出息。只要那伤不导致悲剧，不伤害身边的人和自己，带着点儿也无妨，而且还挺好的。

灵魂的成长是一个人一辈子的事情，每个人都在一点点变好，曲折起落是成长的一部分，渐进分化是自然发展的规律。旧我会死去，掉毛、脱皮、骨销、魂散，我们会不断地脱胎成新的人。余生很长，何必慌张，现在就是向上展望的时候。

戴安娜：有很多事情需要一笑而过。谁都受过伤，朋友的、家人的；谁都得到过温暖，朋友的、家人的。对于伤一笑而过，对于温暖永记心间。

我：真的吗？

戴安娜：真的。

戴安娜就像一朵装睡的花，在慢慢苏醒。有些痛，已经不那么痛了；有些人，已经不那么恨了；有个自己，已经不那么纠结了；有个世界，已经不那么冷漠了。

附：一个小测试

1. 假如给你一个完全放肆的机会，你可以放肆地开心、放肆地笑、放肆地哭闹，甚至放肆地恨、放肆地骂……你希望那个宣泄的对象是男人还是女人，或者两者都行？为什么？

2. 假如有一只温柔的手能够抚慰你的伤口，摸一下你就疗愈了，你希望伸出这只手的人是男人还是女人，或者想被两个人一左一右地抚慰？为什么？

3. 假如给你一个可以跟其撒娇的人，让你从百炼钢变成绕指柔，你希望这个人是男人还是女人，还是被两个人左拥右抱？为什么？

4. 你想骂的这个人，或者想让其抚慰你的人，或者你想在他面前或怀里撒娇的这个人，到底是一个年轻的人，还是一个老人？为什么？

5. 假如你有时光机器，你想回到什么时候，那时你的周围充满了美好？

6. 如果你想跟一个人不期而遇，可以一起愉快地聊天，你想遇到我，还是遇到另一个自己（理想的状况，他理解你任何的想法和情绪，感觉简直棒极了）？为什么？

7. 笑得像个孩子，还是像个傻子，你更喜欢哪一种说法？为什么？

8. 如果你想问我一个问题，你想在哪里和我不期而遇，是坐在教堂的长凳上，还是坐在你的卧室（假如你允许我进去）的床上？

你选前者还是后者，或者两者都行？为什么？

9. 如果你想主动起来，你想见到我，当面跟我诉说你的困惑、质疑，或者让我倾听你的心声，你打算在哪里看到我，一所学校的礼堂或教室，还是一个诊所的治疗室？

你选前者，还是后者，或者两者都行？为什么？

10. 如果你爱上了我，你觉得我是一个什么样的人，年轻的还是年迈的？

你选前者还是后者，或者两者都行？为什么？

11. 如果让你猜，你觉得我应该是男的还是女的？

你选前者还是后者，或者两者（非男非女，请想象一个比较美好的和蔼的老人，婴儿和老人的状态下，性别其实已经不再重要了）。为什么？

12. 如果你爱上了一个美好的人，你觉得他或她会欣赏你的沉默、智慧，还是你会爱上他的空灵、飘逸（假如这些美好的词汇你们双方都具备）？

你选前者还是后者，或者两者都行？为什么？

如果你做完了这些题，也许说明你暂时还没有能力开启自我疗愈，也许你需要一个心理治疗师的帮助。请注意：心理治疗师不治任何精神病，我们专治各种不痛快。